設計人必讀！
花木×雜貨演繹空間氛圍

自然風庭園設計BOOK

MUSASHI BOOKS◎授 權

展現自我風格的布置巧思
能愜意地觀賞花草迎風搖曳的姿態
便是改造庭園無上的樂趣

無關空間大小，
在庭園度過的時光，
是滋潤心靈的良藥。
唯有此時，能用心感受微風吹拂，
以花草的香氣療癒身心，細細體會季節的流逝……

除了思考喜愛的花草組合，
不妨也試著挑戰手作小型園藝家具，
或計畫如何裝飾喜歡的雜貨，
享受變換庭園風情的樂趣吧！
本書將介紹許多創意滿點、充滿巧思的
庭園造景園藝設計師。
教你如何打造一座能展現自我的風格庭園，
一定能夠幫助我們沉靜心靈，給予生活更多的能量與色彩。

巧手改造庭園 BOOK
Contents

令人超想模仿的庭園造景

以多彩豐富的手作品&裝飾
實現充滿個人特色的庭園

本篇介紹幾個充滿創意點子的美麗住宅。只要花點工夫配置市售的園藝資材、家具、雜貨，
就能享受打造具有自我風格的庭園樂趣。

俯瞰沒有屋頂的陽檯一角。鐵線蓮和白玫瑰等植物搭配得平衡適當,是一座格調優美的庭園。

飯野家的陽檯。屋簷上方設置了遮蔭棚,欄杆處也加裝了木製柵欄,讓空間充滿生氣。

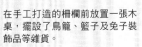

在手工打造的柵欄前放置一張木桌,擺設了鳥籠、籃子及兔子裝飾品等雜貨。

**佇立一扇附有窗簾的門
巧妙地區隔陽檯空間**

以油漆漆成灰藍色的門，將L字形的陽檯分隔開來。門扇加裝帶有透明感的白色窗簾，稍微遮掩內部的視野，更讓人有期待感。

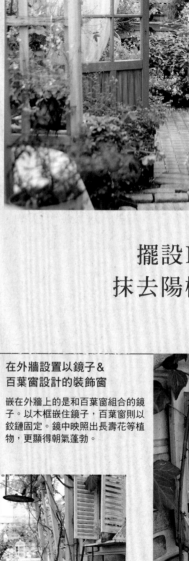

利用拱形的遮蔭棚及門窗，將視線延伸至較深處的陽檯。配置鐵製的椅子和棚架，擴大視野空間。

擺設DIY雜貨小物
抹去陽檯空曠的形象

埼玉縣／飯野博子

將連接著住家，寬約1.5公尺的L字形陽檯，妝點成綠意盎然療癒空間的飯野小姐，發揮擅長的DIY本領，在陽檯設置遮蔭棚和柵欄，漂亮地轉換了原本毫無生機的樣貌。架在屋簷上的遮蔭棚，除了可以鳥籠等雜貨裝飾，也可用來讓植物攀爬。將板材製作成踏板，鋪在地板上，看起來就像木造平檯。欄杆處配置以板材製作的柵欄，擺滿了各式各樣的盆栽。住宅的外牆也黏貼上磚瓦造型，看起來更饒富鄉村趣味。

為了不讓陽檯顯得單調，隨處擺設家具和門窗。展示臺和鐵椅的一隅，裝飾上雜貨，更添可看性。而對向的角落，則在柵欄上加裝窗戶、擺放長椅，打造成室內般的空間。坐在放置於中間的咖啡桌旁，一面喝茶一面欣賞庭園的景緻，可謂是生活中的一大樂趣。

**在外牆設置以鏡子&
百葉窗設計的裝飾窗**

嵌在外牆上的是和百葉窗組合的鏡子。以木框嵌住鏡子，百葉窗則以鉸鏈固定。鏡中映照出長壽花等植物，更顯得朝氣蓬勃。

黏貼著磚瓦的建築物外牆，設置一扇裝飾窗。下方的空間則擺放一些野草莓盆栽，看起來熱鬧茂盛。

運用遮蔭棚的高度,吊掛鳥籠或花籃裝飾,在白色櫃子上也放置鳥籠,維持統一感。

利用圍欄和窗框圍
打造出個室般的空間

在咖啡桌的四周,以圍欄圍繞,打造成室內般的空間。而設置在旁邊扶手欄杆上的柵欄,除了加裝兼具遮蔽效果的窗框之外,也設置了可擺放喜愛雜貨的小窗檯。

附小門的手作櫃子
製作成白淨清爽的樣式

手工製作的白色櫃子,加裝一扇帶有鐵絲網的小門。放入其中的花器也採用和櫃子相同的色系,感覺相當清爽。前方生鏽的馬口鐵盆栽,經過風雨的洗禮,更添一番趣味。

地板鋪上木製的板材,打造成一條小徑。左右並排種植著樹木和蔓性植物,營造探尋祕密基地的感覺。

**集合鐵製小物
打造歲月風情的一隅**

種滿金錢薄荷和珍珠菜的一角。將鐵製花籃及酒桶上的大型鐵環倚靠於素燒陶盆&花器旁等，以帶有鏽色的鐵製小物，提升存在感。

**將喜愛的裝飾架以油漆
刻意漆成不勻的仿舊感**

將裝飾架的板面漆上水藍色，底面漆為白色，以帶點變化的方式油漆。故意漆得稍為深淺不勻，再將玻璃器皿等雜貨排列在架上展示，增添風情。

**擺設花木的靜物畫
營造雅緻的氛圍**

在簡約的庭園椅座上，裝飾繪有植物的靜物畫，形成亮點。在盛開著鐵線蓮和白玫瑰的角落，顯得更加華麗。

**將簡約的置物櫃
塗刷成引人注目的藍色**

氣窗旁，配置了漆成海藍色的置物櫃。裡面可收納肥料或小鐵鍬等園藝工具。一旁的長椅，則放上仿舊的鳥籠作裝飾。

手作idea

設定主題後挑選雜貨
角落處也呈現出統一感

要將L字形的陽檯打造成富含變化的空間，訣竅就是訂定一個裝飾主題。像是放置了白色長椅的一角，桶子和鐵製鳥籠也同樣採用白色，讓整體看起來清爽潔淨，而花壇的空間風格則以生鏽的柵欄和架子，表現出冷調印象，統一空間的氛圍。雖然是空間有限的陽檯，卻滿溢著溫暖的創意。以灰藍色搭配白色調打造庭園空間時，所挑選的雜貨也相當重要，富含韻味的雜貨能夠發揮特色，表現出法式的時尚。

以描繪植物的圖畫
增添柔和氣息

鐵線蓮美麗地綻放，柵欄上吊掛著嵌有畫框的迎賓板。畫板上的淡淡色彩繪，和花朵非常相襯，更加深了柔和的形象。

以掛牌＆花器
將長椅裝飾得熱鬧繽紛

刷白的油漆稍微剝落，洋溢著懷舊氣息的長椅，是經過數次仿舊塗刷後作成的擺飾。椅面上也擺滿了花器和繪畫作品。

可愛的餵鳥器
營造出沉靜心靈的氛圍

在弧形的遮蔭棚前，垂吊著骨董風格的餵鳥器。像是飛來吃飼料的鳥兒裝飾品，讓空間多了一份沉靜優雅的感覺。

搭配家具與門窗
展現空間的深度

加裝遮蔭棚和窗框，放置白色長椅，裝潢成如小巧房間般的一角。水桶、灑水壺和小圓桌等主要的雜貨統一採用白色，表現出整體感。

裝飾架上擺放白色系的雜貨，襯托綠色植物

在柵欄上設置裝飾架，擺放一些小巧的彩色玻璃和門牌等的雜貨。
因為都採用白色，更加襯托出一旁的長壽花。

老舊的馬口鐵門牌
裝飾於柵欄上

在柵欄木板上，以釘子釘上馬口鐵門牌。
鐵鏽和褪色的圖樣，醞釀出懷舊的氛圍，
為柵欄增添柔和的印象。

將蛋放入花籃中
裝飾成可愛鳥巢

放入蛋型飾品的鐵製小花籃，以釘子吊掛在
柵欄前方。輕巧隱匿地放置在香草後方，就
好像親鳥想把蛋藏起來。

樹枝掛上蕾絲布
優美的裝飾咖啡區

在咖啡桌兩旁的柵欄上，橫放一枝樹枝，即
使較高的位置也可以欣賞到特別的裝飾。隨
意披掛在枝頭上的蕾絲，顯得相當浪漫。

咖啡區的裝飾架
是復古飾品的指定席

已生鏽的迷你柵欄，和小型的馬口鐵水桶擺放在一起。在
放置了庭園桌椅的咖啡區，架子就成了能盡情展示喜愛雜
貨的展示檯。

水盤畫上玫瑰
改造成雜貨裝飾品

將水盤塗白，畫上幾朵玫瑰，變身成一件裝飾雜貨。水盤背面加上三角環，掛在遮蔭棚的柱子上，就成了花園裡的可愛亮點。

利用鐵製蠟燭檯
增加牆面的立體感

種滿了花葉地錦和鐵線蓮的角落，在旁邊柵欄上加裝托架，吊掛上一盞蠟燭檯。刷上白色油漆並作些微剝落感，展現出久經使用的印象。

擺放超吸睛的裝飾品
打造出令人印象深刻的場景

在木製柵欄上加裝裝飾架，擺放一盆百里香。一旁依序排上生鏽的小柵欄、鐵製飾品或天使石像等裝飾品。

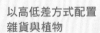

以小巧的鐵製飾品
表現出浪漫的氛圍

利用欄杆或手推車等鐵製的小尺寸裝飾品，表現一致性。與垂墜盛開的鐵線蓮搭配，感覺相當可愛。

以高低差方式配置
雜貨與植物

填了土，打造成花壇般的角落。種滿金錢薄荷和珍珠菜，讓角落顯得熱鬧，再利用迷你柵欄和鐵線花籃，將稍高的空間妝點得華麗美觀。

襯托茶色柵欄的
白色門框令人印象深刻

和朋友兩個人一起裝設的柵欄和小門。顏色以白色為主，只有小門和窗框風格的木條，這兩項重點部分漆成茶色，表現出空間的特色。

著重立體&寬闊感的搭配
打造出偶像劇般的美景

千葉縣／野尻明美

木門上掛著骨董風的鑰匙，表現出主人的玩心。老東西也是打造復古氛圍不可或缺的道具。

充滿歲月感的
古典風格雜貨隨處可見

停車場小門邊的白色木柵欄上，刻意以表層帶有鐵鏽的空罐，掛著多肉植物。各處裝飾著懷舊小物，打造出特別的場景，就是野尻小姐的風格。

盛開著小巧玫瑰的野尻家庭園。原是日式風格，經由野尻小姐和擅長DIY的女性朋友兩個人，共同打造成了理想中的法式花園。

其中相當引人注目的，是有著公車亭風格的休憩亭和仿花園風格的展示空間，是相當具有故事性的一角。似乎是兩人一邊參考園藝雜誌，一邊放大想像後打造出來的。梯子和長椅等是用來製造氣氛不可或缺的家具，也都是親手製作的。

為了襯托出植物茂盛蓬勃的樣子，

更將家具油漆成藍色。連接著這值得一看的空間，而特別鋪設的，是鋪著紅磚的花園小徑。設置在兩旁的花壇，種植著低矮的植物，腳邊也能感覺到熱鬧非凡。另外，隨處都擺放著鐵製的小東西，襯托花草纖柔的姿態，恰到好處的設計，成功打造出偶像劇般的美麗空間。

16

**手作柵欄&花園小徑
是決定庭園風格的元素**

圍繞著庭園設置的木頭柵欄、小門,甚至遮蔭棚,全都是和朋友兩人親手製作。能夠盡情欣賞花壇裡盛開花草的小徑,也是一片片磚塊鋪設完成的。

**裝設磚塊和柱子
給予牆面豐富生動的表情**

以歐式磚塊砌成的牆邊,綻放著可愛的粉色玫瑰,將漆成深茶色的牆柱襯托得更加高雅大方。

攀附著玫瑰的白色柵欄上,架著鐵製的小欄杆。鐵製花籃裡放入瓶子等小物,表現輕巧的視覺感。

**搭配古董級的雜貨
以襯托周邊綠葉**

朋友割愛所得的汲水幫浦,看得到生鏽的痕跡,洋溢著復古的氛圍。帶斑的葉子和令人印象深刻的療肺草也很搭。

**將手製的木製資材
活用於造景的背景**

設置在鄰家分界旁的木作柵欄,除了可以遮蔽外來的視線,更是展示雜貨的好地方。不但可以吊掛生鏽的鐵製小物,也可以加裝層架,擺上相框或水桶等自然風雜貨。除了加設釘子或棚架,增加擺放空間外,以油漆變換空間氣氛,也能發揮獨特魅力。

**限定於遮蔭棚的柱子
小空間也可以盡情裝飾**

吊掛在柵欄旁柱子上的鳥窩造型鈴鐺。在不起眼的小地方加上可愛的雜貨,提高裝飾完成度。

左圖中，由木作露檯處看向像是公車亭的休憩亭。鮮豔的藍色長椅相當顯眼。為了吸引目光，特別打造了遮蔭棚和小徑。

**擺滿各式喜愛的雜貨
仿公車亭風格的休憩亭**

這個能夠放鬆休息、眺望整個庭園的空間中，將木板牆和屋頂圍著長椅，打造成古早公車亭的樣子。在側邊和木板牆上裝設棚架，裝飾著植物和雜貨。

**採用高度較高的遮蔭棚
增加能活用的裝飾空間**

在遮蔭棚下吊掛放了鳥籠式盆栽、沿著柵欄設置鐵製花架，利用高低落差來配置植物。角落則種植了白玫瑰。

**以布裝飾遮蔭棚
展現柔和的形象**

設置在公車亭空間對面的木質露檯。在遮蔭棚掛上一條柔軟的白布，表現柔和的形象。手工製的藍色梯架，則成為雜貨和多肉植物的展示檯。

牆的一角設置了花檯,種植著可愛玫瑰。以煉瓦呈現的石磚一塊塊往上堆砌,故意在磚塊間留點空隙,表現出手工可愛的樸拙感。

為牆面增加一點變化
使空間變得完全不一樣

在木作露檯空間裡,以磚塊打造一面牆,加深與其他空間差異的印象。上方部分打造成仿木頭屋頂的樣式,別具特色。

搭配鐵製雜貨
讓花壇更有亮點

花壇和牆面相同,也使用磚塊打造。並在種植的玫瑰、繡球花、蔓長春花之間,搭配一件仿舊的鐵製餵鳥器,表現出庭園經歲月淘洗的概念。

為了使空間更活潑
地面上也看得到驚喜

鋪成圓形的地磚中央,擺放古老的石臼,增加特色。避免地面過於單調,花點巧思設計地面,也是使植物看起來生氣蓬勃的祕訣。

收集帶有鏽色的雜貨
演繹富含韻味的場景

在花壇的前方,擺放設計成灑水壺形狀的水管架等生鏽的鐵製雜貨裝飾,懷舊氛圍更加濃厚了!

油漆成綠色的木質牆板
展現復古的氛圍

油漆成綠色的木作柵欄。由於這裡
是木作露檯上最明顯處，特別加裝
了棚架和畫框，並擺放盆栽，活化
牆面的設計。

以手作柵欄＆雜貨
展現英國風自然庭園

福岡縣／葛原朋子

以遮蔽倉庫而加裝的木板為背景，
擺放已經鏽蝕、很有味道的舊工具
等雜貨，讓庭園角落也顯得熱鬧。

改造庭園時，以「能夠手作的
東西就自己動手」為座右銘的葛原
小姐，也以這句話鼓勵大家。葛原
小姐對於書中看到的英式花園非常
憧憬，所以從小雜貨到大型家具都
是親自動手製作，將理想付諸實
行。

在和鄰家分界處，為了遮蔽外
來視線，設置了漆成綠色的圍欄和
磚牆，這樣一來也能擺上裝飾的手
作雜貨活用牆面。連接客廳的露
檯，則加裝壓克力板，打造成日光
室。成為能一面在品茶，一面眺望
庭園全景的特別場所。車棚的出入
口以木板製作一道小門，上方布滿
著木香花，設置成為綠色隧道。

原本鋼鐵製的倉庫以木板改造
成小木屋風。為了使植物能夠生氣
蓬勃、閃閃發亮，連小地方也細心
加工，創造出富有整體感的庭園。

隨性塗刷油漆的門扉
表現出經年累月的感覺

將木板以油漆成藍色並組合在一起，作成門扉。特意塗刷得隨意，營造久經使用的氛圍，再吊掛一個乾燥花圈，增加特色。

在美麗盛開的玫瑰叢深處，看到的是以杉木板打造的露檯。擺上花園座椅和桌子，彷彿能在此度過悠閒時光。

給人生硬印象的鋼鐵製倉庫，以塗上防護油的杉木板遮蓋，融入周邊空間的自然氛圍。

以畫框和掛牌裝飾
倉庫外觀

在倉庫外的杉木板上，也可以貼上數字裝飾牌等，當成一座展示的舞檯好好利用。為了讓掛在上方的黃菫菜和葉牡丹看起來更有藝術感，特別設置了一畫框。

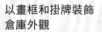

利用玫瑰營造出拱門
讓深處的景色彷彿偶像劇般夢幻

遮蔭棚旁，以蔓性玫瑰和鐵線蓮攀繞而成的拱門。裡面擺放花園座椅和桌子的休憩空間，彷彿能感受到開放的寬闊感。

以掛牌或花圈裝飾
手作的遮蔭棚

在庭園中央設置了遮蔭棚，吊掛一些褪色的馬口鐵牌或乾燥花圈、鐵製鳥籠等裝飾品。再讓蔓性玫瑰Iceberg和鐵線蓮等植物攀爬。

將骨董雜貨和花器
收納兼裝飾在棚架上

進入矮門後映入眼簾的,即是設置
在長椅旁的手作棚架。為了能坐著
欣賞喜愛的收藏品,將舊玻璃瓶和
預計要使用的花器擺飾兼收納於棚
架上。

以羅曼蒂克的門扉
引領踏入花園小徑

在車棚和庭園連接處設置一道矮門。採用
塗了防護油的杉木板,營造自然樣貌,眼
前的牆面吊掛著許多用來整理植物的工
具,及馬口鐵水桶等物品。

手工製作的歡迎板掛在矮門上,
樸素的樣式獨具魅力。製作時在
門板上釘上前端為圓環的環首螺
栓,再掛上歡迎板。

堆砌磚塊和枕木
打造簡易的花檯

特別在磚塊之間塗上防滑劑,防止磚牆倒
塌。由於沒有以水泥固定,能夠隨意調整高
度成為它的一大特點,上方擺上一塊枕木,
就能擺放盆栽。

讓人悠閒享受花園中
砌成弧形的小徑

磚塊鋪得不甚平整的小徑,從車棚
一直延伸到露檯的前方。四處均設
有遮蔭棚和拱門等建築物,打造富
含立體感的場景。在蜿蜒小徑中前
進,更提升期待感。

以紅磚塊打造的
暖爐架展示一角

將原本作為BBQ烤爐的爐架,改為花檯使
用。在兩片牆間擺上石板,就可以當作層架使用。檯面上裝飾著多肉
植物和種滿植物的盆栽。

手作idea

22

富含韻味的手作雜貨
搭配骨董小物裝飾出引人注目的空間

製造氣氛不可或缺的，就是手工製品和能吸引目光的
骨董雜貨單品。除了擺設經過日曬雨淋更增添風味的
自然素材雜貨，若想增加華麗感，可以摘些庭園花藝
的花朵，放在盛了水的盆器內，讓花朵漂浮在水面，
庭園的一角悄悄增添顏色。

花朵漂浮在餵鳥器上
看起來相當可愛

加裝在遮蔭棚柱子上的餵鳥器。
在圓盤中注入一些水，放入玫瑰
和雪絨花。看起來就像鳥兒來喝
水，增添可愛的氛圍。

色彩柔和的鳥籠
為空間帶來溫馨感

釘掛在木頭格欄上的，是已經斑駁掉漆的
老舊鳥籠。柔和的水藍色，搭配植物的翠
綠，柔和了整個空間。

當季的花朵漂浮在水面
俯瞰視野別具特色

在盛了水的大花器內，放入三色菫、菫菜、大飛燕草
等顏色繽紛的花朵漂浮在水面。放置在花園椅的旁
邊，讓腳邊的風景大大加分。

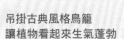

擺放著可愛的小鴨飾品
引領人們進入童話般場景

小徑的磚瓦上，擺放著骨董風格
的小鴨飾品。兩隻小鴨好像在散
步，可愛的排在一起。

吊掛古典風格鳥籠
讓植物看起來生氣蓬勃

饒富趣味的四方形鳥籠，固定在木作露檯
的柱子上。優雅知性的氛圍，植物的表情
也變得生氣蓬勃。

擺放一張外表樸質的木椅，布置成暫時休息的空間。種植在後方的大型橄欖樹，則充當了屋頂的角色。

夫婦兩人齊心協力打造
大人風的可愛庭園

兵庫縣／岩崎見早子

和喜歡DIY的先生兩人同心協力打造的茂盛草木庭園。挑選玫瑰、小花和宿根草等充滿野趣感的品種，令人沉浸在自然的風景中。

而襯托著翠綠植物的是木製長椅和拱門這般樸素的家具。岩崎太太提出想法後，先生在假日時親手製作完成，最後的油漆作業，則是由岩崎太太負責，費心進行加工等工序，一步步接近心目中的理想。

許多岩崎太太精挑細選的植物和古早味的雜貨，成了一座展示檯。

休息亭和圍繞著木作露檯的牆壁、及屋頂都是由先生親手打造。擺設

講究色彩和設計等細節部分，是靠兩人同心協力地完成，成功地打造出理想中帶點成熟風味又可愛的庭園。

將梯凳和骨董木箱組合為一搖身一變當成花檯使用

在木箱中放入長春藤盆栽和預想可能用到的鐵絲花器等物品。將雪球花的葉子像垂吊著一樣擺放，不經意似地融入空間。

將梯凳和木箱組合而成的手作花檯擺飾於小徑旁

鋪了地磚的小徑側邊，放置著由古典風格的踏檯及木箱組合而成的花檯。最遠處的白色木製柵欄也是先生DIY製作。

以高低層次配置植物活用木製柵欄

在白色木製柵欄上吊掛盆栽等，將柵欄也當成展示場。花壇裡則種植一些珊瑚鐘或山繡球等植物，表現出高低層次，增添觀賞樂趣。

穿越遮蔭棚後展現於眼前裝飾地熱鬧非凡的柵欄

在延伸至屋後的庭園小徑上設置遮蔭棚，悄悄地將空間區分開來。從空隙中看到的柵欄，以裝飾板等雜貨或綠葉裝飾，使空間向深處延伸。

磚塊搭配水龍頭組合
與小木屋隔牆十分相襯

在砌好的磚檯上加裝水龍頭，就成了洗手檯。上方可當作展示檯。自然不造作地擺放籃子和灑水壺，讓小屋前看起來熱鬧蓬勃。

在老舊椅子的周圍
擺放各式老東西

將老舊、別有味道的椅子當作展示檯使用。放置在椅面的藍色花籃內，擺滿了許多像是生鏽罐子重製作成的花器和小鏟子等，饒富趣味的小雜貨。

在房屋外側另設置了由岩崎先生親手打造的小木屋風建築物，並裝設門窗和屋頂，相當正式的建築手法令人讚賞。內部設有工作檯，可當作倉庫使用。

特別設置的小窗
作為裝飾收藏品的展示場

在小屋的牆上加裝百葉窗，點綴田園趣味。以木條組合而成的窗框，可用來擺設一些鞋型花器或水桶等可愛的雜貨。

復古風格的突出型窗戶
為了更映襯植物和雜貨

設置在小屋上的突出型外窗。上方並設置以瓦片鋪成的屋簷，連小細節都相當講究。旁邊吊掛著放入矮牽牛盆栽的鳥籠。

連接著房屋建造的小木屋內部。除了擺放一些園藝用具，棚架上也放滿了玻璃瓶等小物擺飾。

縫紉機上方將木箱直放，再擺上花籃、茶壺等趣味的小雜貨。搭配後方的彩色玻璃，更增添可愛度。

三面有牆壁圍繞的木作露檯
恰巧成為了舒適的第二客廳

原本就有的木作露檯，在先生加上牆壁和屋頂後，便成了從客廳延伸出的另一個室內空間。擺放一張長椅，就是能放鬆休息的角落。

木作露檯的牆面上
加裝窗戶以確保採光

為了遮蔽鄰家視線而設置了露檯牆壁。牆壁並非全以木板製成，而是加裝彩色玻璃窗戶，使日光能進入屋內。

從客廳看往木作露檯的方向。在彩色玻璃前放置一台縫紉機，當作展示檯來使用。

**有著古典特色的地磚
打造野性味十足的庭園小徑**

以擁有令人印象深刻的鮮豔黃色葉片的美國紫荊為首，兩旁種植著各式植物的華麗小徑。粗略地鋪上古典風地磚，充滿了野趣氛圍。

**胡桃散落於草地邊
帶著隨興的愜意感**

鋪了碎石，取出間隔設置的庭園小徑。以披覆地面的地毯草上散落著幾顆胡桃，讓這條連接裡院和主院的小徑充滿了自然感。

**利用小巧可愛的植物
讓地面也熱鬧繽紛**

種植著百里香和金錢薄荷、銀葉菊等高度較低矮的植物，讓小徑的兩旁表現出層次感，可愛的綠色植物，在欣賞時也多了樂趣。

**好似老建築才有的矮牆
在小屋前展現趣味景色**

在小屋前方設置一道高度較低的牆，溫柔地將空間切分開來。除了加設壁龕來擺放雜貨裝飾外，上方也放置老舊瓦片，打造古典風情。

岩崎太太的
改造idea

**讓老舊雜貨融入植物中
打造百看不厭的田園風情**

生鏽的牛奶罐或馬口鐵水桶等老舊的雜貨，是岩崎太太的最愛。不只是用來裝飾，也可當作容器用來集中種植植物，讓它融入到周圍的植栽景色中。隨意地放置在鋪了地磚的小徑上，或半掩在綠葉中，四處擺放，都可增加可看性；在這座以玫瑰為主的庭園中，更擔任了緊緊凝聚這個空間的重要角色。

**擺入水桶容器
更貼近周圍氣氛**

將老舊的馬口鐵水桶活用為花器，在桶內種植多肉植物。將它放置在舊椅子的椅腳邊，好像要埋入嬰兒淚中一般，看起來已歷經長久歲月的沉浸感。

巧思地將矮牆鋪上舊瓦片
展現出西洋建築的氣息

在丈夫手作的小矮牆上，擺放古典風格的瓦片，表現出西洋建築外牆的氛圍。鐵線蓮的蔓莖，增添了懷舊的氣息。

將室內裝飾花卉的技巧
運用在庭園展示

上右／引人注目的小鳥造型的小鳥戲水盤，注入水後，放入聖誕玫瑰的花瓣，頗具浪漫的氣氛。

上左／若想要增加空間的華麗感，可以隨意擺放玫瑰、天竺葵、麟托菊African eyes等春天的花朵。

左／搭配笑窪草可愛的小藍花，使生了鏽的鐵桶也散發出柔和氛圍。

生鏽牛奶罐造型的花檯
打造讓人眼睛一亮的空間

放置在拱門前的，是生鏽的牛奶罐。上面擺放種植了多肉植物的花器，當作花檯使用。花器則是將壞掉的紅色灑水壺再利用。

饒富野趣的花壇
以推車加以陪襯

在設有屋頂和長椅的休息亭旁邊，以磚塊推砌而成的花壇。種植了像聖誕玫瑰、玫瑰、鐵線蓮等花卉植物，並在前方擺一台推車作裝飾。

各色玫瑰盛開且依附在遮蔭棚和柵欄邊，
美麗非凡；將延伸至玄關的小徑妝點得華
麗繽紛。

充滿巧思的
前院花園兼停車場

埼玉縣／新井真理子

新井家的庭園，是玄關前兼當
停車場的小空間。正因空間有限，
所以更用心展現玫瑰花的裝飾和技
巧。

為了節省空間，新井小姐利用
縱向的空間，裝設了一座拱門，誘
引玫瑰和鐵線蓮等花卉。和鄰家分
界的柵欄則加裝木製棚架，種了派
特奧斯汀玫瑰，架子上也可擺放花
器或馬口鐵水桶等裝飾，是活用與
美觀兼備的好點子。棚架旁隔出一
空間，可收納園藝用具。為了讓多
肉植物等綠葉能夠集中擺放，加裝
小窗或窗檯，提升自然的氛圍。這
些造景全是由新井小姐描繪出心中
的理想，再由丈夫DIY實現。深
刻凝聚著兩人理想的前院花園，附
近鄰居也能愉悅欣賞。

牆面和地面皆種滿植物
使空間顯得更華麗

在盛開玫瑰和鐵線蓮的柵欄下
方，種植著菫菜，牆面和地面都
充滿了豐盈感。柵欄上方加設彩
色玻璃，顯得自然。

鐵製的柵欄斜倚著牆面，上面吊掛著可愛水藍色握柄的鏟子及耙子等園藝用具。

色彩沉靜的茶色柵欄
襯托著可愛花草

和鄰家分界的柵欄，除了誘引玫瑰攀爬，也可以用來遮蔽外來視線。手工砌成的花壇裡種植著三色菫和白蕾絲花，視覺上也是一番享受。

裝設手作裝飾架後
牆面也成為展示場

在原本的柱子上加釘木板，再釘上掛勾，就可增加擺飾的面積。下方掛上馬口鐵板，上方裝設棚架。

將樑柱以木板包覆美化
更能靈活運用空間展示

為了遮蔽玄關前的柱子，加裝了以木板製作的木牆。釘上手作的裝飾架和古董風格的掛鉤，掛上吊燈等雜貨更增添了田園風格。

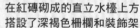

倒映在鏡中綻放的玫瑰
使柵欄也成為一幅風景畫

將柵欄一部分鑿空,裝設白色窗框,再嵌入一面鏡子。
為了能夠映照出盛開在庭園中的Iceberg玫瑰,特別將
鏡子裝設在庭園的最深處,讓庭園的視覺延伸,可說是
一石二鳥的設計。

在紅磚砌成的直立水檯上方
搭設了深褐色柵欄和裝飾架

在有著蔓性玫瑰Iceberg和鐵線蓮攀附的
棚架上,設置能擺飾雜貨的架子。下方
用來作直立水檯的磚塊和水管,特別採
用了能融入空間的質感和色彩。

擺有花器、小鳥飾品和馬
口鐵水桶等雜貨的手作展
示架,也用來誘引白玫瑰
和鐵線蓮,增添氣氛。

手作idea

以石頭堆砌的白色花壇
視覺重心於生氣蓬勃花草

在白色與茶色雙色調的柵欄下
方，以石頭隨意堆砌成的花
壇，種植了如鼠尾草、毛蕊
花、石竹等花卉植物，演繹出
鮮活蓬勃的景色。

加裝裝飾架的柵欄
使花壇的背景更顯豐富

遮蔭棚下的磚牆花壇裡，種植
著蔓性玫瑰Corneria等花卉。
塗刷成帶點黑色的綠色柵欄
上，釘上木板作成裝飾架，在
植栽較少的時期也不會顯得落
寞。

因淋雨而生鏽油漆罐，種滿了多肉植物，和空瓶擺在一起，
流露出和諧的氣氛。

挑選骨董風格的雜貨
凝聚懷舊的氣息

有著優美線條的鐵製飾品，掛在淡綠色柵欄上，成為
角落中的主角。凝聚著懷舊的氣氛，與空間更顯一致
性。

花壇下方種植著珊瑚鐘
等色彩較深沉的花卉。
整體景色更豐盈自然。

善用二手木材
表現小徑樸質感

從停車場延伸到玄關的土壤部分，使用和遮蔭棚同樣材
質的木材遮蓋。距離旁邊花壇的空隙內，用心地種植較
低矮的三葉草等植物，自然地融入花壇。

Buff Beauty玫瑰像屋頂一樣披覆在玄關前
的角落。在遮蔭棚和柱子上吊掛園藝燈等
設備，顯得豐富熱鬧。

鐵拱門和門扉的穿透性
讓玄關前呈現輕盈意象

選擇鐵製的拱門和門扉，讓玄
關周圍呈現清爽的形象。優雅
的曲線映襯內部庭園的植物，
也提升對庭園樣貌的期待感。

設置靠牆的遮蔭棚
讓植物看起來更立體

利用木板覆蓋在玄關旁柱子
上，打造出小巧的靠牆式遮蔭
棚，使蔓性玫瑰攀附其中。讓
高處也有了植物點綴色彩，庭
園整體的形象顯得更加繁茂蓬
勃。

手作idea

好想納入參考的創意點子&設備

以雜貨&家具
將庭園布置得多采多姿

為了打造出更有自我風格的庭園，以下將介紹許多巧搭
雜貨&家具的創意點子。盡情尋找理想中的雜貨小物吧！

selection 1

The accent of garden

精心挑選＆裝飾風格
表現個性的雜貨創意

尺寸輕巧、價格實惠的雜貨能活用於庭園中，成為庭園的特色。挑選適合搭配植物的材質或設計，打造一座充滿個性的庭園。

Sign&Stainedglass

以標示板、掛牌和彩色玻璃
為小空間增添特色

如果有「雖然種植了許多植物，卻總覺得少了那麼一點氛圍」這樣感覺的空間，可以試著像在室內掛畫的概念，擺設一些園藝標示板或彩色玻璃等裝飾品，增添些許成熟韻味。

生鏽的托架
雜貨甜膩的氣氛

將鐵製的托架型裝飾板設置在遮蔭棚的柱子上。在茂盛的玫瑰藤蔓中，不但增添一股牧歌般的可愛風情，也能凝聚氣氛。

以大型的掛牌遮蓋
凸顯層次魅力

拱門旁的玫瑰叢中，裝飾一張大型掛牌。纏繞在掛牌上方的玫瑰，更突顯了場景的層次差異。

種植小巧玫瑰
打造浪漫的氛圍

在和鄰家的邊界設置一片細格子柵欄，減輕壓迫感。裝飾板和玫瑰纏繞在一起，如同室內設計般的裝飾搭配。

立在木製拱門旁的枕木，裝飾了一幅白色的裝飾畫。纏繞在枕木上的慢性繡球花的綠葉，也襯托了這幅畫。

36

纏繞不絕的鐵線蓮
散發生氣蓬勃

在白色柱子間嵌入一張彩色玻璃，打造閃耀明艷的場景。紅色的圖案也成了最醒目的特色。

搭配挑高園燈
讓人聯想街角風情

如點亮於街頭般的園燈旁，設置一張頗具厚實感的裝飾板。底下放置蕨類和玉簪花盆栽，可看性加分！

白與綠的漸層
凝聚場景的氛圍

在刷成象牙白色的木板牆上，掛上一件漂亮的裝飾品。五色野葡萄的葉色層次，加深了景深&氣氛。

以動物飾品
訴說庭園的故事

如果你感到「只有植物，總覺得氣氛有點不夠生動」時，推薦你可利用動物裝飾品，場景立刻就浮現一段故事喔！

放兩隻小兔子
可愛度馬上加倍

在茂盛的花草旁，擺放兩隻兔子裝飾品。彷彿兩隻兔子和樂融融地造訪庭園。

選擇色彩沉靜的裝飾品
表現大人般成熟的風情

將雕刻家的灰色裝飾品，擺放在古典紅磚花壇上。在一片光潤的綠意中，展現出恰到好處的存在感。

為柔和色系的植物
挑選適合的飾品

躲藏在山繡球和玫瑰底下的兔子飾品。好似從花叢中忽然展現身影一般，讓人看了心情也柔和了起來。

裝飾&藝術風格的彩色玻璃
為暗色系的木板牆增添色彩

在綠色的牆上掛飾一些彩色玻璃裝飾板等裝飾品。地上則放置生鏽的鐵製容器，醞釀懷舊的氛圍。

Bird Cage

讓氛圍輕盈的
鳥籠風花籃

各式各樣的造型鳥籠，只要掛在樹幹或遮蔭棚的柱子上，就
能為整個空間增添一絲輕巧的氣息。再放入植物或裝飾品，
裝飾地更美麗＆具巧思。

**飄散著異國風情的氣息
讓空間具主題性**

吊掛在拱門下方的中國風花
籠。種植在中央的迷你玫瑰，
根部周圍被椰子的纖維包覆
住，展現自然氣息。

**技巧是以纖細的植物
或小物悄悄地遮擋視線**

在遮蔭棚和格架上纏繞玫瑰和鐵
線蓮，遮蔽鄰家的視線，此外在
柱子上吊掛一件小巧的鐵花籠，
自然地增添亮點。

**鏤空、不顯沉重感
為寬廣的空間帶來變化**

在遮蔭棚的橫樑上，吊掛幾件鐵製
的花籠。輕巧的突出感，為毫無壓
迫感的空間帶來變化。

**吊掛在樹木枝頭下
玩心滿溢的裝飾設計**

在美國紫荊Silver Cloud的枝頭
上，吊掛一件扇形的花籠。利用
裝飾品和小盆栽，表現出花籠獨
特的味道。

**恰到好處的綠意
展現出絕佳的平衡**

在木櫃上擺一個放了長壽花盆栽
的花籠，帶給空間一點小小滋
潤。注意到嗎？頂端的小鳥是個
可愛的亮點！

**以古典情調風
創造優雅的角落**

在遮蔭棚下的鼠尾草花叢旁，吊掛
著種滿多肉植物的花籠。以多種不
同形狀的多肉植物，增添色彩。

小鳥飾品吸引目光
隨風搖曳別具特色

鐵製鳥籠內擺放一隻小鳥裝飾品，因為鳥籠小巧，如此一來也能夠維持飾品的安穩感。

有著優美曲線的鳥籠
賦予空間寧靜＆奢華感

將垂吊式鳥籠花籃，變換高度位置，適當地吊掛在上方。透過花籃所看到的植物也相當令人喜愛。

選擇明亮色澤的鳥籠
使光影下的植物更顯眼

吊掛在光臘樹枝頭上白色鳥籠。裡頭放入種植了帶斑綠葉的灰色小盆栽，增添視覺變化。

纖細的線條
表現輕巧感

在桂樹的樹幹上，吊掛花籃或畫框等雜貨。統一採用白色的物品，感覺更加明亮。

只要加入一些鐵的曲線
空間也會變得更加華麗

除了鳥籠以外，也有很多鐵製的園藝用品。由於線條很細，在狹小的空間內也不會顯得有壓迫感，最適合用來打造華麗的角落。

統一採用古典的鐵製雜貨
平衡庭園的甜膩氛圍

以白色柵欄為背景的角落，裝飾採馬口鐵等深色調的古典雜貨，表現大人的成熟風味。

兩層式置物架使空間加倍
能夠簡潔地裝飾＆整理也輕鬆

鐵製置物架的上層，擺放圓扇八寶和紅莓苔子。因為有點高度，可確保通風和日照。

Original Planter

以別緻的花器
加深場景印象

市售的盆栽有各式各樣豐富的設計。這裡要介紹的，是為了
打造更加引人注目的場景，手工製作或加上創意改造的個性
雜貨。

**如裝飾相框的
植物擺飾**

白色相框型的花器內，種了各式
各樣的盆栽。搭配玻璃燈和空
罐，打造懷舊的氛圍。

**搭配花壇的花草
打造熱鬧的形象**

雙距花的紅色小花正在相框花器
中可愛舞動著，和花壇內的薰衣
草一起，為牆面增添一股歡樂的
色彩。

**活用陶器的色彩
提升復古的氣氛**

將破碎的陶器橫放，種植多肉植
物。為了固定盆栽分散而繫上的
繩子，更增添了一些味道。

**相框造型的盆栽架
有如立體畫般的展現**

以木框和鐵線組合，好像要將整個
盆栽以畫框框起似的獨特花器。

**從室內也能欣賞的
窗檯式花架設計**

在窗檯設置一組樸實而可愛的木製花架。將
假馬齒莧、鼠尾草、薑草、四葉草等纖柔的
植物，輕輕地擺放在窗旁。

將盆栽和背景融合
大幅提升存在感

設置在庭園入口的拱門下方，擺放著一盆鐵線蓮，以陶燒的長形陶片相稱，提升了盆栽的存在感。

搭配窗框色彩
營造場景的統一感

裝設在窗戶下的花檯，青色的色調更加襯托淡粉色和深紅色的芳香天竺葵的美。

悄悄散開的白色小花
讓人有深入其境之感

開著白色小花的風輪菜，為平板的畫框型花器增添動感和潤澤。鳥籠造型的裝飾品也是小亮點。

利用天然的巢箱
感受自然的世界

即使沒有鳥兒，也能當作藝術品或裝飾品的巢箱。與周圍的植物搭配，便能夠創造一幅自然的景色。

將白色巢箱
融入綠葉的景色中

在藍色的柵欄旁，不經意似地擺放著一個小巧的巢箱。攀附著柱子而上的長春藤，成為接繫柵欄和巢箱的角色。

不經意的擺設
散發出人文的氣息

在枯樹幹上裝設平檯及小屋頂的野趣餵鳥檯。擺放上一盆多肉植物或吊掛灑水壺，增添溫潤的氣息。

被滿滿的花朵圍繞
營造出翠綠的
浪漫感

佇立在荼蘼和小手毬的白花叢後，有著綠色屋頂的巢箱。擺放幾個小松鼠飾品，打造出彷彿森林中的場景。

牆圍的一隅
以花草裝飾成一幅畫

設置在房屋外牆的格架上，擺飾著畫框型的花器。種植珊瑚鐘等沉靜色彩的花草，打造靜心的場景。

擺滿粉色的玫瑰
打造浪漫一角

在裝飾的戲水檯中放入各種粉紅色的玫瑰，表現出華麗的氣氛。底下裝飾一塊方位盤，彷彿有一段優美的故事。

以石雕歐式花盆
增添庭園的氣氛

加了水，就成了鳥兒的戲水檯，能夠為庭園增添水潤感及光澤感，擺些花朵或漂浮蠟燭更是美麗不已。

漂浮花的透明感
更襯托出鐵鏽的韻味

散發著美麗光芒的戲水檯。水盤的鏽蝕感和小花的光澤度兩相對比，使場景看起來更加生動活潑。

簡約的裝飾物
表現出存在感

將雕像兼戲水檯簡單地裝飾在綠地中，表現出典雅端莊的氛圍。水盤中的幾隻小鳥，讓氣氛更加自然。

石雕歐式花盆
表現出優雅感

放置在宿根草叢中的石雕戲水檯。為交織著各種植物，光澤熠熠的場景更增添了特色，看起來有如偶像劇般夢幻。

生鏽的牛奶罐
不經意地成了點綴

擺放在休閒空間旁的生鏽牛奶罐。蓋子凹陷處像盤子一般，正好用來當作戲水檯。

搭配小朵的玫瑰
簡約的裝飾設計

在放置型的小水盤旁，誘引白色玫瑰的藤蔓。為木作露檯的一角，增添了可愛的氣息。

Iron Goods

為繁茂盛開的植物
畫龍點睛般凝聚焦點

看起來鬆散雜亂的植物叢中，若加上幾樣鐵製的雜貨，便能夠凝聚整個場景的氣氛。鐵製雜貨通常較不顯眼，不影響到植栽所營造的氛圍。

白色花檯和小花
增添了布置&潔淨感

裝飾在停車場一角的嬰兒澡盆花檯。周圍繁茂地盛開著源平小菊，看起來相當可愛。

一盞古老質感燭檯
為場景增添趣味

木板牆前的花壇中，設置了一盞燭檯。即使在沒有花開的季節，也能營造出空間氣氛。

隱約藏身於交織的花叢中
讓植栽的氛圍也變得寧靜

在種滿了藍蠟花的花壇中，插著一件吊著鈴鐺的裝飾品，為植栽增添變化。

貼近著細樹幹旁
表現出自然的氣氛

花壇裡的加拿大唐棣旁，設置一盞白色吊燈。為這個被茶色木牆所圍繞的空間，也更顯明亮。

以白色柵欄為背景
襯托藍色小花

白色的鐵柵欄上，吊掛著藍色小花盆栽。由於線條纖細，兩方自然地融合，十分清爽。

有透視感的柵欄
不經意地成了亮點

在一片蓬勃繁盛的植被中，設置一個小小的鐵柵欄增加特色，也能襯托出綠葉光澤。

Iron Fence

洋溢著歐風氛圍
彎曲與線條的鐵柵欄

鐵製柵欄的彎曲線條散發出優雅氣氛；不止用於切割空間和
裝飾牆面，也可作為庭園的背景裝飾。

柵欄和植物相依
完全不違和的存在

白色木牆上加裝具線條設計的柵欄，為
平板的牆面增添一些變化，令人印象深
刻。樹木的綠意也更能漂亮地襯托出
來。

當作盆栽的背景
為角落增添氣氛

玄關前的展示空間。設置長直形的柵欄
和花檯，強調垂直線條，讓小空間看起
來更寬廣。

將柵欄靠牆擺放
為牆面添加特色

在白色的外牆上設置鐵柵欄。描
繪R字形的設計，更增添優美的
氣氛。纏繞著鐵線蓮，表現柔和
的意象。

針對較高的牆面
為減少壓迫感的裝飾

搭配灰色的棚架，表現出復古風的展
示空間。將柵欄靠放在牆上，更增添
裝飾性。成功打造出大人風空間。

和植栽融合為一體
散發自然的氣息

玄關道路的入口處，設置了古董
風格的柵欄。圍繞著紅色和粉紅
玫瑰的枝葉，充滿野趣！

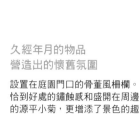

久經年月的物品
營造出的懷舊氛圍

設置在庭園門口的骨董風柵欄。
恰到好處的鏽蝕感和盛開在周邊
的源平小菊，更增添了景色的趣
味。

在門柱前設置鐵製花檯，擺放蘇丹鳳仙花等白花，增加明亮感。柵欄上纏繞著茂盛的常春藤，與建築物融合在一起。

**將仿古味道融入空間
牆面更令人印象深刻**

牆面搭配有著厚重感的鐵柵欄或骨董風格的灑水壺，打造出懷舊新潮流風格的角落。

**挑選搭配的花器
打造場景的亮點**

設置在樹下的白色花器和柵欄，為了不讓視線落到後方較暗的空間，巧妙地遮蔽了視線。

修長的方尖塔
能有效利用空間

有鐵或金屬、木製等各種素材所作的方尖塔。可纏繞藤蔓，讓空間看起來更立體，也更加華麗。

**方尖塔搭配玫瑰
將空間點綴得
更加可愛了**

在種滿了植物的花壇中擺設一座方尖塔。搭配粉紅色的玫瑰，看起來立體感十足。

**以白色為主角
打造清爽的場景**

以玫瑰和風鈴桔梗等白色花卉打造的花壇。白色方尖塔的纖細曲線，更為花壇增添特色。

**纏繞著粉紅色的花朵
讓玄關處顯得相當別緻**

擺設於玄關旁，也是玄關裝飾重點的青銅色方尖塔。方尖塔以玫瑰和鐵線蓮裝飾，形成優美的迎賓一角。

**鏽蝕的鐵器
增添一絲苦澀味**

吊掛在木板牆上的鐵格架上，利用生鏽的鐵條，吊起當作架子來使用的木板。藍色的木板，散發出柔和的氣息。

The accent of garden

將庭園變身為
「休憩場所」的庭園家具

為了將庭園打造成不只是種植植物的休憩場所，家具是不可或缺的重點。只要擺放一張椅子，便能成為讓人靜心休憩的空間。若精心挑選特別的色彩或設計，還可當作藝術品來欣賞。

Chair

成為空間裡的一大亮點
適合於任何場景的椅子

不只可以坐，還可以當作盆栽或雜貨擺飾檯，不論擺放在哪個場所，都能成為場景最亮眼的一角

**彷彿在室內一般
讓人心情沉靜的空間**

擺放在圓形露檯旁的藤椅。周圍為鐵線蓮圍繞，完成了有著安心&被包圍感的沉靜空間。

**白色椅子&花器
使空間更加明亮**

放置在庭園角落的白色椅子。放射狀的寬闊椅背，成了奧勒岡盆栽的背景，呈現一氣呵成的整體感。

**低調的擺設
成為完美的陪襯**

將生鏽的椅子當作花檯使用，放置一盆薄荷盆栽。加上一塊石板，不經意地成為庭園裡的亮點。

**仿舊設計&色調椅子
襯托出鮮活蓬勃的氣息**

放置在玄關大門旁的迎賓花。插滿了庭園裡種植的花卉，表露溫暖的歡迎心情。

將線條纖細的椅子
自然地當作為花檯使用

在拱門的底端，自然地擺放一張適合
搭配木香花的纖細椅子，描繪出一幅
令人印象深刻的景象。

手作的溫暖感
成為小徑旁的注目焦點

在庭園小徑旁，不經意地擺放一張白色
迷你椅。搭配鑰匙裝飾品或小花盆栽，
成為一個讓心靈沉靜的樸質角落。

將盆栽放置在椅子上
提升玫瑰的特別地位

在學校用椅上，裝飾一盆種了玫瑰
Coffee Ovation的厚重盆栽，成為空
間的主角。

能自然地融入任何場所的
萬用綠色木椅

隱藏在茂盛樹叢中的椅子。綠色
的色彩能融入周邊的植物，且更
加襯托放在白色花器中的植物。

放置在樹蔭底下
裝飾同時遮掩背景

在柏葉繡球花的樹下，放置一張
短椅腳的小矮椅，再擺放馬口鐵
花器或畫框裝飾，打造低視角陳
列的展示場。

以白&藍為基調
洋溢著少女氛圍

將掉了漆帶點斑駁的椅子，當作花檯
使用。擺放一盆花藍，將露檯點綴得
清爽亮麗。

Bench

能使空間布置
瞬間加分的長椅

實用性高、在家具中頗具存在感的長椅。無論是放置在庭園的盡頭、小徑旁或外牆等都可融入景緻，不挑地點也是它的魅力之一。

以手作柵欄為背景
襯托長椅優美曲線

在白色長椅背後設置藍色柵欄，凸顯長椅優美的曲線。以藍色和白色表現高雅的形象。

DIY手作の腰高木牆
更加提升長椅的存在感

漆上淡綠色，設計相當典雅的長椅。洋溢著手作風味的木牆和石片鋪地，增添溫暖氣氛。

隨意放上一樣素小物
展現鄉村庭園般的趣味

在舊長椅的角落擺放一盆種著幸運草的鐵花籃，底下散放著源平小菊，洋溢著閑靜的氣息。

鐵製飾品×木製的長椅
馬上凝聚空間的氣氛

如淋浴般垂落的白色蔓性玫瑰下方，靜靜地放置著一張長椅。擺放一個馬口鐵灑水壺，洋溢復古風情。

被花朵圍繞的長椅
是庭園的特等席

在能夠眺望庭園全景的位置，擺設一張深色的長椅。讓這裡成為被各式花朵圍繞，悠閒地欣賞庭園的休憩之處。

色彩濃淡、和洋、新舊
相互調和的復古庭園

有著古樸小屋相襯在後方的純白
色長椅。花草的色彩襯托出長椅
明亮的色澤，使自然又復古的風
景更加開闊。

涼爽感的淡藍色
為空間帶來明亮感

在手作的拱門底下，是展示用的
長椅。整體均採用淡藍色，打造
成一致性的景色。

周邊景色＆長椅的搭配
造就柔和的氛圍

為了配合背景分量十足的白色玫
瑰，選用輕盈的白色長椅。周圍
再種植一些德國洋甘菊，更添自
然風情。

利用長椅的色彩
為風景增添變化

放置在屋簷下的長椅搭配白色大盆，恰好
和植栽部分相互輝映。明亮木紋色的長
椅，成為景色中的亮點。

窗檯下的地基處
以長椅完全地遮掩

圍繞著玫瑰的外窗前，擺放一張具有厚實感
的長椅。搭配流洩般遍開的玫瑰，洋溢著浪
漫的氣氛。

將引人注目的
藍色長椅當作焦點

油漆成淡藍色的長椅。搭配白色柵欄和粉紅
色的花草，打造出柔和的空間形象。

被喜愛的雜貨圍繞
讓心靈沉靜放鬆的空間

設置在面向道路方向的休憩小
區，將各式喜愛的雜貨裝飾在柵
欄上，打造輕鬆愉悅的氣氛。

Tableset

令人憧憬的午茶時光
必備的花園桌椅組

擺放上一組桌椅，立刻就洋溢著咖啡店般的氣氛。除了挑選
適合庭園或陽檯大小的尺寸，也必須注意會影響氣氛的設
計。

放置在前院
行人也能感到心靈沉靜

在前院擺放桌椅，表現出歡迎蒞
臨的心情。周圍以花器包圍，更
有氣氛。

將露檯空間
打造如室內的環境

在露檯加設附窗的隔牆，打造成日光室
般的空間。桌椅也統一採用白色，凸顯
潔淨感。

利用桌椅
區隔庭園的空間

在鋪著地磚的平檯旁種滿草木，當作療癒的
處所。木作露檯則加高以區分空間，為庭園
增添一些變化。

將大桌和陽傘設置在庭園中央，
周邊環繞著各式各樣的植物，營
造出熱鬧愉快的氛圍，也是庭園
最美的焦點。

**有著厚重感的鐵製桌椅
在自然的空間裡凸顯存在感**

鋪著圓形地磚的露檯區，擺放一
組鐵製桌椅。深沉的色調，帶出
饒富野趣的氛圍。

**利用紅色的桌巾或抱枕
為庭園增添可愛色彩**

樸質的木製桌椅和奔放的玫瑰蔓莖，洋溢著
一股閑靜氣息。將木作露檯打造為休憩的處
所。

**清新＆包圍感滿分
有如咖啡店般的氣氛**

流通著清爽空氣的花園大廳。白色的桌椅
更能凸顯明亮、潔淨氣氛的療癒空間。

**聆聽水聲的
療癒空間**

鋪著枕木，富含野趣的露檯，搭配鐵製的桌
椅組。從設置在後方的汲水幫浦落下的細細
水聲，帶給心靈療癒的氣氛。

**襯托玫瑰的花色
選擇搭配桌椅組**

放置在鋪著圓環狀地磚的露檯上
的，是白色的桌椅組。搭配後方
的粉紅色蔓性玫瑰，增添浪漫風
情。

**以復古風格作為
空間的基調色彩**

和牆壁等建築物同漆成灰藍色的桌椅，襯托
出植物的鮮豔和光澤。

在葉影間玩捉迷藏
表現出頑心的設計

小巧的坐姿看起來相當可愛的一對兔子裝飾品。稍微帶
點鏽蝕的塗漆,非常適合搭配自然風庭園。
(一只:W13×D7.5×H14.5cm)／Balconystyle*

精心挑選の 雜貨&家具

讓親手打造的庭園,更有自我風格的加分道具,
就是有著個性設計或有質感的雜貨和家具。在最
後裝飾時加上這些精選的物品,讓庭園的氣質更
加提升。

營造療癒系氛圍不可或缺
有著流水聲響的噴泉檯

這是不需要連接水管的電動循環幫浦
式噴泉檯,能帶給庭園舒適療癒的氛
圍。(W45.5×D42×H64cm・底座
約23.5cm)／Kohnan

漆刷如生鏽般的
馬口鐵製柵欄

可插在花壇中當作圍欄,可靠
在牆上當作裝飾用的欄杆,根
據設計方式不同,使用方式也
非常廣泛。
(W13×H26.5cm)
／Colors

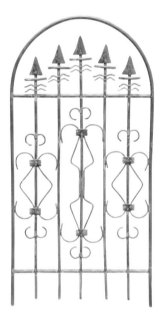

雜貨
Goods

想為庭園增加特色,可多利用漂亮的雜貨。本
篇介紹有可愛設計或採用頗有味道的素材等,
在任何場景皆能發揮存在感的雜貨小物。

帶出庭園自然感
極富韻味的小鳥裝飾品

在深藍色中,隱藏著茶色和灰色的色彩搭
配,是這項裝飾品的最大特徵,適合擺放
在盆栽或植物旁,像是在林間玩耍。
(W14×D7×H13cm)／Balconystyle*

適合搭配復古風庭園
骨董風格的質感極具魅力

常用在美國家庭門牌上的鐵製號碼
牌。也可插於盆栽中,或釘在牆壁
上,低調地裝飾。(各H8cm)／
GALLUP

以描繪著植物的掛牌
呈現帶有故事性的庭園

若是在繡球花的背後，裝飾一張畫著繡球花的畫板，可讓人更感受到故事性。仿舊的質感，特別具有魅力。
右（W26.5×H35cm）、左（W26.5×H35cm）／Colors

水＆光的競演
如豪華舞檯般的演出

噴泉檯長著青苔的古典風格質感，為庭園增添了一分味道。利用太陽能充電，白天演奏水樂，夜晚則點燈演出。（直徑約38×H33cm）／Dinos

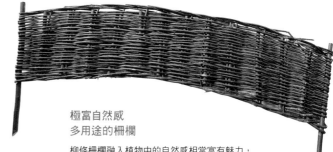

極富自然感
多用途的柵欄

柳條柵欄融入植物中的自然感相當富有魅力，可作為花壇的柵欄或背景，也可使用於遮掩影響美觀之處，有各式各樣的使用方式。
（W89.5×D1.2×H45cm）／BHS around

自由裝飾牆面或木架
成為裝飾場所的新亮點

有點生鏽感的橢圓形琺瑯製號碼牌，適合裝飾在復古風格庭園的架子或牆面上，低調地展現特色。
（W5.2×D0.1×H8cm）
／BHS around

濃濃復古風的鏡子
經年累月增加的韻味

以生鏽的馬口鐵製填充材料（天花板用資材）重新再造後的物品。象牙色的邊框和綠葉搭配，表現出清雅脫俗的形象。
（W44×D2.5×H44cm）／Colors

擺放綠葉或雜貨
賦予印象深刻的畫面

骨董風格的鳥籠非常適合搭配生氣蓬勃的植物。不但能夠襯托葉色，也會為看慣了的盆栽帶來不同以往的新印象。
（W28×D28×H70cm）
／Balconystyle*

天然石桌面&桌椅組
優雅的午後時光

由各色天然石拼接而成的桌面，讓庭園的風格又更上增添了一個層次。（橢圓形桌：W72×D120×H70cm、圓形椅子2張1組×2組：W57×D62×H80cm）／Dinos

使用得越久越有味道
散發著專業光彩的設計

纖細的彎曲線條有著古典的形象，除了當作庭園椅使用，擺放盆栽裝飾，更是美麗如畫。（直徑40×W44×H87cm）／Garden Company

擺放盆栽、花瓶、小物
享受裝飾&搭配的樂趣

圓形椅面加上金屬管椅腳的簡約型椅子。收集大小尺寸，利用高低差製造出深遠的空間感。右：（直徑：20×H30cm）・左：（直徑20×H48.5cm）／Colors

家具
Furniture

只要在庭園中擺放桌椅，就能打造像客廳般舒適的環境。本篇將介紹能好好放鬆心情，又漂亮時尚的庭園家具。

堅固的柚木材質椅子
在窄小空間也能使用

輕巧的柚木椅子，椅面下方設有橫桿，折疊後可輕鬆搬運。（W45×D47×H84.2cm）／GALLUP

空間小也恰恰好
彷彿迷你酒館般的氛圍

有著些微差異的色調搭配，更加融入帶有懷舊氣氛的庭園，為庭園增添色彩。圓桌（直徑60×H74.5cm）、金屬椅2張組（直徑42.5×D45×H82cm）／Dinos

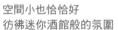

以設計精湛的長椅
描繪如詩畫般的場景

和玫瑰、綠葉相當搭配的鐵製白色長椅。搭配四周的植物，互相襯托出彼此的魅力，打造氣氛滿點的空間。（W149×D37.8×H84cm）／BHS around

以中歐咖啡店為概念設計
貴婦氣氛的桌椅組

展現純白且高貴的氛圍。放置在庭園中，彷彿身處在咖啡店般的優雅氣氛。（桌子：約W50×D50×H72cm，椅子2張組：約W40.5×D51.5×H85cm）／青山Garden

特別有安定感的椅子
可活用為雜貨或花的展示檯

椅腳的設計是它的重點。不但可以當作兒童用椅，也適合為室內裝飾。（W36.5×D34×H66.5cm）／Colors

利用小巧的木製長椅
打造如畫般的場景

將這張長椅擺放在庭園的角落或小徑盡頭，打造出令人印象深刻的場景。採用耐用性佳的柚木。（W84.5×D36×H60cm）／園藝Net

加入大人風格的色彩
讓庭園的印象層次提昇

對映著綠地，清爽的紫色讓人印象深刻。高雅搶眼的設計，提昇庭園優雅的氛圍。（桌子：直徑60×H72cm，椅子2張組：W55×D54×H81cm）／Garden Company

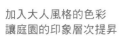

適合淡雅氣質的
骨董風格長椅

沉靜的灰藍色色調及椅背優雅曲線的設計，非常美麗。（W108×D51×H95cm）／園藝Net

初學者也能輕鬆挑戰

以簡單DIY
提升庭園品味大作戰

以下針對初學者，介紹材料容易取得的木工作品。利用簡單的設計，自行決定作品的色彩或加工，發揮百分百的原創力。試著為庭園增添能夠提升魅力的作品吧！

Wall mini planter
壁掛式迷你花架

同時具有「裝飾」和「種植」的多功能花架。除了可釘掛在牆上，也可直接擺放在櫃子或地板上。花器設計概念是即使種植一些垂枝型植物，看起來彷彿畫作一般。

[製作・攝影協力：黑田園藝]

展開圖

■完成尺寸：W18 × D11.6 × H60cm

▼ 從正面或上方釘入的木釘。
▼ 橫向釘入的木釘。側板（左）的相對位置也要釘入。
▼ 從背面釘入的木釘。背板（左）的相對位置也要釘入。
⌒⌒⌒ 波浪釘

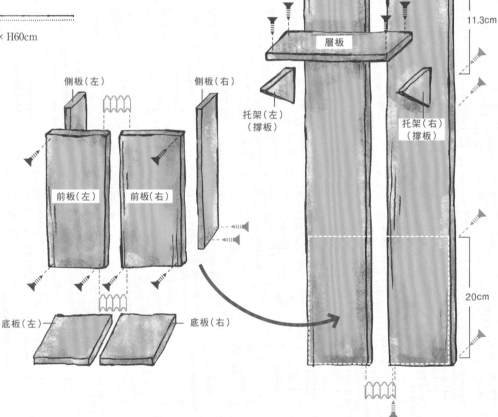

側板（左）
側板（右）
前板（左）
前板（右）
底板（左）
底板（右）
背板（左）
背板（右）
層板
托架（左）（撐板）
托架（右）（撐板）
11.3cm
20cm

材　料

背板（W9×D1.3×L60cm）……2片
前板（W9×D1.3×L20cm）……2片
側板（W9×D1.3×L20cm）……2片
底板（W9×D1.3×L7.5cm）……2片
層板（W9×D1.3×L18cm）……1片
托架（W9×D1.3×L5cm）……1片
（※依對角線裁切成三角形使用）
波浪釘（W2.8×L1.3cm）……4根
木釘（L3.5cm）……24根
水性塗料（白）……適量
乾燥香草（花或葉均可）……適量
木工用黏著劑……適量

工　具

電鑽、鐵鎚、塗料用容器、水性塗料用刷子、砂紙、木鋸

作　法

1　將背板和前板分別固定
參考展開圖，將兩片背板的內側和側面以木工黏著劑黏緊，再以鐵鎚從上方和下方各打入一根波浪釘。將兩片前板以相同方式黏接。

2　組合花器部分
將側板黏接在步驟1的前板內側的兩邊，再以電鑽從前板方向往側板，將四根木釘釘入四個角內。底板部分，為了在中央作出排水的縫隙，先分別黏接在左右側板的內側後，從前板及側板分別各釘入兩根木釘。所以總計是側板釘兩根，底板釘六根木釘。

3　將花器固定在背板上
將步驟2黏接在步驟1的背板（於展開圖上標示白色虛線的位置）上，從後側往側板各釘兩根，對底板釘兩根，共計六根木釘固定。

4　固定托架
在背板從上往下約11.3cm並距兩端各1cm處的位置，將高5cm托架黏接在背板上，再從後側往托架各釘兩根木釘固定。

5　固定層板
將層板黏接在步驟4已固定的托架上方，由層板往托架各釘2根木釘固定，組裝作業就結束了。

6　漆上塗料完成
將水性塗料倒入塗料用容器中，並和乾燥香草混合。一邊注意不要讓乾燥香草結塊，一邊以刷子塗刷棚架表面。花器部分的內側，則向下塗至約3cm處。待塗料乾後，輕輕地以砂紙打磨便完成，再以適當方式釘掛於牆上。

上方的層架可以裝飾喜愛的雜貨，作為展示空間。

Wall Shelf
壁掛式棚架

盛裝可愛小盆栽的壁掛式棚架。在造型簡單的大木箱中，加裝層板和防止掉落的隔板。如果想要擺放更大型的雜貨或盆栽時，也可更改木板的尺寸，隨心所欲地配合想要裝飾的物品進行調整設計。

[製作・攝影協力：島田文代]

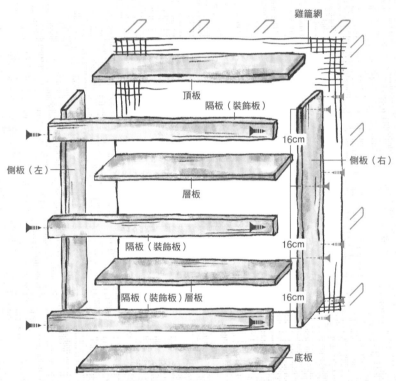

雞籠網
頂板
隔板（裝飾板）
側板（左）
層板
側板（右）
16cm
隔板（裝飾板）
16cm
隔板（裝飾板）層板
16cm
底板

展開圖

■完成尺寸：W60.6×D9×H54cm

▼ 從前側釘入的木釘。

▼ 橫向釘入的木釘。側板（左）的相對位置也要釘入。

∩ U字釘。側板（左）和底板的相對位置也要釘入。

---

mini column

【油漆技巧】

以灰、白、綠色重複塗刷
營造出復古的形象

使用三色塗料塗刷出富含韻味的色調。首先，將裁切後的木材組裝前，先以刷子塗刷一層灰色，待組裝後，再以海綿沾取白色和綠色的水性塗料，像是要刷除髒污似地的手勢隨意的塗刷在架子上。

【使用技巧】

能將小株的植物或接芽、接穗的
迷你盆栽漂亮地裝飾在棚架上

如果僅擺放一盆盆栽，看起來存在感較弱，將幾個小盆栽擺放在一起就很好看，多擺一些，也會更可愛喔！

材 料

頂板（W9×D1.3×L58cm）……1片
底板（W9×D1.3×L58cm）……1片
側板（W9×D1.3×L54cm）……2片
層板（W9×D1.3×L58cm）……2片
隔板（裝飾板）（W9×D1.3×L60cm）……3片
雞籠網（W60.6×L54cm）……1片
木釘（L2.5cm）……22根
U字釘（L1cm）……16根
水性塗料（灰、白、綠）……各適量
木工用黏著劑……適量

工 具

水性塗料用刷子、電鑽、鐵鎚、鋸子、海綿（舊抹布也可）、砂紙

作 法

1 將所有的木材先上一層漆
將水性塗料（灰色）以刷子塗刷在木材表面後，靜置乾燥。

2 將頂板、底板和側板組合
參考展開圖，將頂板和底板以木工用黏著劑黏接在兩片側板的內側，再使用電鑽，從左右側板各釘入四根木釘。

3 裝設層板
將兩片層板黏接在展開圖指定的位置，從兩邊側板各釘入4根木釘固定。

4 裝設隔板（裝飾板）
將隔板裝設在兩片層板和底板的前面。先將側板和隔板（裝飾板）黏接，再從隔板（裝飾板）各釘入兩根木釘固定。

5 背面加裝雞籠網
從背面裝上雞籠網，並以鐵鎚在四個邊上的四個地方，共計釘入十六個U字釘固定。若沒有U字釘，也可以使用木工用的釘槍。

6 復古加工即完成
分別以海綿沾取水性塗料（白、綠），在木架上隨意地塗擦，賦予復古風味。待塗料乾後，以砂紙輕輕地打磨即完成，最後再以適當方式釘掛在牆上。

Display shelf
展示架

背面加裝鐵網，通風性佳，最適合當作擺放小盆栽的展示架。放置在陽檯也不占位置的小巧尺寸，更是它的優點。

［製作・攝影協力：庭爺］

材　料

（豎框）架框（柱）〈松木材〉（W3×D3×L60cm）⋯⋯4根
底板〈杉材〉（W9×D1.2×L52cm）⋯⋯2片
層板〈杉材〉（W15×D1.2×L40cm）⋯⋯2片
（橫撐）支撐桿（背面）〈杉材〉（W3×D2×L40cm）⋯⋯1根
（豎框）上方架框（左右）〈杉木材〉（W3×D2×L9cm）⋯⋯2根
托架〈杉木材〉（W4×D1.2×H15cm）⋯⋯6片
雞籠網48×63.2cm
水性顏料（淺橡木色）
木釘⋯⋯46根

展開圖

■完成尺寸：W52×D18×H61.5cm

▼ 從前側釘入的木釘

▼ 橫向釘入的木釘。左側的層板和托架的相對位置也要釘入。

工　具

鋼角尺、電動螺絲起子、釘槍※、布
※釘槍是利用訂書針的原理，將片狀的東西釘在木材上時所使用的工具。

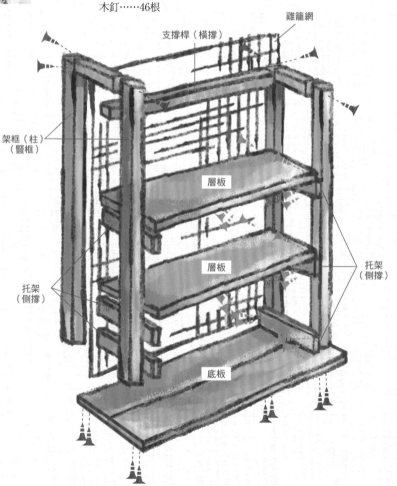

支撐桿（橫撐）

雞籠網

架框（柱）
（豎框）

層板

層板

托架
（側撐）

托架
（側撐）

底板

作 法

1 將顏料塗在木材上

以布沾滿顏料,使顏料浸透進去似地塗抹在已裁切的木材上,重複塗刷幾遍也會提升保護木材效果。同樣尺寸的木材可疊在一起塗刷以提高效率,注意不要讓漆滴在側面。

2 組裝側面的柱子

決定層板的組裝位置後,在旁邊的柱子上作個記號。配合記號,將托架以木釘固定好。加了托架(側撐)之後層板的強度也會提升。

3 將層板固定在托架(側撐)上

將層板放在托架上,從層板上方往側面柱子的方向,斜斜地將木釘釘入。如果要從下方層板釘時,使用電動螺絲起子會比較方便。

4 裝設底板

待層板裝設好後將架子倒置過來。計算出前後、左右的距離,在底板上作記號,契合位置後,將木釘釘入柱子中。底板裝好後,便可裝設背面上方的支撐桿(橫撐)。

5 背面加裝雞籠網

將雞籠網裁切成比背面面積要大的尺寸,將切口反折後以釘槍固定。只要在底板、層板及上方背面的支撐桿(橫撐)以小間隔固定,就不容易脫落。

---

mini column

【改造技巧】

加裝擋板・頂板和背板
提升實用＆美觀的展示架

隨意塗刷白色油漆的背板,更加襯托出前方的裝飾品。加裝在頂板上的擋板,有防止物品掉落的作用。圖中的架子是作成比基本作法裡所介紹的架子更小一點的尺寸。

展開圖

■完成尺寸:
W41.5×17.5×58.7cm

▼ 從前側釘入的木釘。

▼ 橫向釘入的木釘。左側的相對位置也要釘入。

42
15
9
15
32
50
42
16

※單位為cm

作法

1. 在柱子上下方加裝支撐桿(橫撐),和兩邊的柱子組合。

2. 將層板的間隔決定好後,在柱子上作記號,再將層板裝設在柱子上。

3. 在步驟2上加裝背板。

4. 上下均加裝隔板。上方的隔板作擋板用,下方的則當櫃腳。分別從頂板、底板往隔板釘入木釘。

5. 以刷子塗刷白色油漆。刷好後立刻以布輕擦,作出深淺層次感,讓架子整體更有味道。

Stepladder
摺疊梯

完全打開後是長梯，對摺後則可當作踏板使用的2way裝飾用梯子。
三段踏板除了可作為吊掛用的橫桿，也可以橫跨擺放木板或箱子，當
作架子使用。使用焦糖色的塗漆，打造經長年使用的質感。
（※實際上不可攀登）

[製作・攝影協力：THE OLD TOWN]

展開圖

■完成尺寸：W75.5×D35×H94.5cm
（伸長後為H198cm）

✎ 螺絲釘

材　料

梯腳：4.5cm方形角材（L99cm）……4根
踏板：圓棒（直徑2.4×L30cm）……6根
金屬零件A：L型角鐵（W4×H3cm）……12個
金屬零件B：鉸鏈（W4×L8cm）……2個
金屬零件C：門鉤（L30cm）……2個
螺絲釘（直徑0.4×L1.2cm）……84根
水性塗料（黑）……適量
喜歡的印刷模板
膠帶

工　具

電鑽、（①十字螺絲起子鑽頭、②直徑24mm
的鑽頭）、水性塗料用刷子（1/2吋）、鐵
鎚、鋸子
※工程3的古材風加工所使用的材料和工具請參閱左頁的
　專欄。

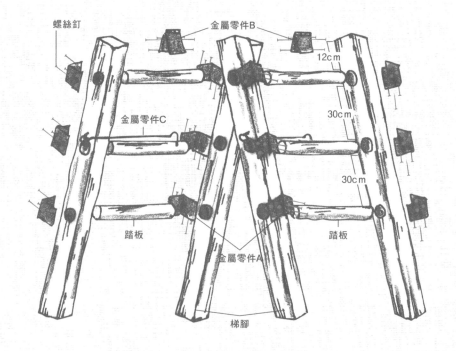

螺絲釘　　　　　　　　　　金屬零件B
金屬零件C
12cm
30cm
30cm
踏板　　　　　　　　　　　　踏板
金屬零件A
梯腳

作 法

1 **將金屬零件漆成黑色**
將三種金屬零件A至C，以刷子塗刷黑色的水性塗料，風乾備用。

2 **在梯腳作出預備插入踏板的孔洞**
參考展開圖，在要插入踏板的梯腳處作記號，以電鑽②打洞。

3 **將梯腳、踏板加工成古材風**
將梯腳和踏板均加工成古材風。 ※加工方法請參考下方的專欄。

4 **組裝梯腳和踏板**
將踏板嵌入梯腳，並將踏板以鐵鎚隔著防護板敲進梯腳中。

5 **梯子組合後加裝金屬零件**
在步驟4組合完成的梯子加上裝飾用金屬零件。金屬零件A和B以電鑽①固定，金屬零件C則依喜好的位置進行手動裝設。

6 **最後裝飾**
在梯腳不會卡到金屬零件的位置畫一些花樣。先以膠帶將模板固定好，再以刷子以敲打的方式的塗上水性顏料。

---

mini column

【復古風油漆技巧】

利用兩種顏料和木炭
加工成焦糖色古材風

使用兩色水性顏料為木材著色，再以木炭摩擦，就能自然地創造出黑斑樣貌。可想像將梯子作為踏板時會時常碰觸的部分，再製造出長年使用的樣子。這樣一來便可以將梯子打造出和植物相搭，富含韻味的氣質。

材料・工具
- 砂紙A（40號）、B（180號）
- 水性顏料A（楓糖色）、B（柚木色）
- 木炭（露營用的即可）・刷子・擦拭布・容器

作法

1. 將木材全體利用砂紙以A→B的順序打磨，使表面光滑。將磨出的粉以抹布擦掉。
2. 為了製造出色斑，先將打底的水性顏料A以刷子平均塗在木材上。
3. 待水性顏料A風乾後，在木材各處以木炭輕輕摩擦，作出黑斑或髒汙的樣子。梯子上方、下方，甚至側邊都仔細地上色，會更有味道。
4. 將水性顏料B以從上往下方式塗刷，待稍微乾後以擦拭布擦掉，重複此動作數次。
5. 在木頭表面以砂紙A刮出痕跡，再塗上水性顏料B，稍微風乾後以擦拭布擦掉。重複此動作2至3次，將木材整體再以砂紙B磨平後即完成。

工程4。將木材以木炭摩擦後，再塗上水性顏料B。

工程5。以砂紙刮出痕跡，製作出長年使用的樣貌。

Trolley

推車

在深度約10cm的箱子上加裝活動式的手拉桿。底板因為有空隙，排水及透氣性均佳，可擺放幾盆小苗盆栽，看起來會有如集中種植的感覺。加工成復古風的金屬零件更是一大特色。

[製作・攝影協力：THE OLD TOWN]

材 料

木框A：2×4材（L60cm）……2根
木框B：2×4材（L30cm）……2根
底板A：1×4材（L65cm）……2根
底板B：1×6材（L60cm）……1根
把手：45mm方形角材（L70cm）
　　　　　　　　　　　　　　……2根
把手支撐桿：45mm方形角材
　　（L23.6cm）　　　　……2根
金屬零件A：L型角鐵
　　（W9×H6cm）　　　……4個
金屬零件B：門閂
　　（W9×D5×H2.5cm）　……2個
金屬零件C：萬向輪
　　（車輪直徑5cm）　　　……4個

金屬零件D：T型鐵片
　　（W9×H9cm）　　　……4個
金屬零件E：L型鐵片
　　（W9×H9cm）　　　……4個
小螺絲釘A（直徑0.38×L6.5）
　　　　　　　　　　　　……34根
小螺絲釘B（直徑0.38×L3.5）
　　　　　　　　　　　　……30根
大頭銅釘A（直徑1.3cm）……36根
大頭銅釘B（直徑1.6cm）……18根
水性油漆（黑、紅）……各適量
木器著色劑（柚木）……適量
砂紙（40號）
複寫紙及寫好要轉印文字的紙

展開圖

■完成尺寸：W65.3 × D37.5 × H78.5cm

／小螺絲釘A	
／小螺絲釘B	
／大頭銅釘A	
／大頭銅釘B	

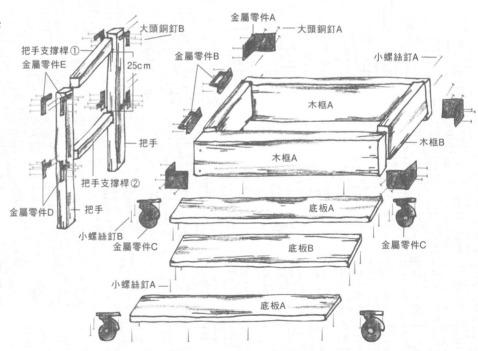

把手支撐桿①
金屬零件E
25cm
大頭銅釘B
金屬零件A
大頭銅釘A
金屬零件B
小螺絲釘A
木框A
木框B
木框A
把手
把手支撐桿②
金屬零件D
把手
小螺絲釘B
金屬零件C
底板A
底板B
金屬零件C
小螺絲釘A
底板A

工 具

電鑽（十字螺絲起子鑽頭）、刷子（1/2吋）、鐵鎚、擦拭布（布）、耐水性的水性筆、容器

※工程1和4加工所使用的材料和道具請參閱左頁專欄。

作 法

1 金屬零件油漆成鏽蝕感
將要使用的金屬零件全部油漆成鏽蝕感,風乾備用。
※油漆成鏽蝕感的方法請參閱下方專欄。

2 組裝推車本體
參考展開圖,將本體依木框A→木框B→底板A→底板B的順序,使用電鑽以小螺絲釘A組裝起來。將木框A、B使用大頭銅釘加裝兼具補強及裝飾功能的金屬零件A。金屬零件C萬向輪則以小螺絲釘進行固定。

3 組裝把手
把手的部分,使用小螺絲釘A,先將把手支撐桿①裝設在兩根把手上後,再裝設把手支撐桿②,皆使用小螺絲釘A及電鑽。最後再以大頭銅釘B固定兼具補強及裝飾功能的金屬零件E。

4 本體及把手進行裂痕加工
為步驟2及3組合好的推車本體及把手製作裂痕加工。
※加工方法請參閱下方專欄。

5 將裝飾文字轉印至本體上
將文字利用複寫紙轉印至已復古加工的推車本體上,再塗上水性油漆。接著將推車整體以砂紙打磨,並塗上木器著色劑後,以擦拭布擦拭,讓文字融入木材中。

6 讓塗料滴在本體上,製造老舊的感覺
將紅色及黑色的塗料隨意滴在推車上。將刷子先沾滿水性塗料,再敲打刷子的柄,讓塗料滴落。乾燥則需要一段時間,請多預留時間。

7 將把手裝在推車本體上
將把手以小螺絲釘B和金屬零件B裝設在本體上。

---

mini column

【鏽蝕感油漆法】

將金屬零件生鏽的粗糙感
以牛奶漆進行創造＆呈現

歷經風雨而自然生成的鏽蝕,可以煤炭及兩色水性塗料進行製造。為了表現出凹凸感所用的煤炭,由於容易分解,建議當以刷子沾取時,從容器底下往上攪拌混合。

材料・工具

・水性塗料(圖中作品,採用Old Village的British Red及Black牛奶漆)
・煤炭(園藝用的消石灰亦可)
・刷子(1/2吋)・容器

作法

1. 首先先塗一層石灰打底。依石灰:水=10g:10ml的比例混合後,加入約石灰水1/10分量的黑色水性塗料,作成石灰顏料。為了讓表面有顆粒感,將刷子與平面呈垂直角度,以點壓的方式塗上塗料。

2. 待石灰顏料風乾後,將水性塗料依紅→黑的順序,以點壓的方式塗上。在紅色塗料乾前塗上黑色塗料,製造出的色斑,會較接近實物生鏽的色澤和質感。

【裂痕加工】

以塗料製造裂痕＆刷在木材上
打造出經年累月的風味

使用專用的塗料,製造出裂痕。為了打造懷舊的氛圍,先以濕布擦拭後,再將塗料以粗糙打磨的40號砂紙刮落。

材料・工具

・裂紋漆(圖中的作品,採用Old Village的All Cracked Up油漆)
・水性塗料(圖中作品,採用Old Village的c.c Yellowish white牛奶漆)
・刷子(2吋)、容器

製作步驟

1. 將推車本體組裝後,將裂紋漆以刷子塗刷在整體木材上,當作打底。

2. 由上往下塗刷上白色的水性塗料。塗刷的方向會成為裂開的方向,故需往同一個方向塗刷。另外,裂紋漆裂開的速度很快,動作必須迅速。

selection 2

The accent of garden

素材選擇和設計是重要關鍵

打造牆面&地板等庭園基礎建設
挑選資材的創意參考

可提高庭園&氣氛完成度的柵欄及地板的資材，
及便利的小家具，是能夠輕鬆發揮個性的道具。
參考各界的創意點子，尋找能夠搭配自己庭園的好物吧！

**在格架上
裝飾法式雜貨，
展現浪漫情懷**

為了遮蓋防雨窗而設
置的白色格架，掛上
幾樣法式風格的雜
貨，就成了可愛的裝
飾牆。

**外側也容易攀附藤蔓的
藍色格架**

以格架隔開面向道路的院地，並誘引蔓性
玫瑰和野莓。背面也誘引一些藤蔓，讓人
從道路方向也能夠欣賞。

**以簡約的設計
將外牆點綴地豐富生姿**

由於外牆種植著鐵線蓮和玫瑰，因此設置
了一道格架。藤蔓輕快地攀附爬上，打造
充滿自然風情的牆面。

trellis

輕鬆活用
牆面的格架

在區隔空間的柵欄中能夠確保採光，看起來又時尚漂亮的格
架相當受到歡迎。因不會產生壓迫感，在狹小的空間內也能
夠發揮功用。

**和鄰家界線上的
白色格架**

設置格架來劃分密集的鄰家
界線，並保持採光和通風。
懸掛一掛架和裝飾品就能收
納園藝剪刀等工具

**點綴窗戶周圍的
迷你柵欄**

為了讓花壇的繽紛色彩能夠延伸到外牆的窗戶周邊，設置了梯
子型的特殊格架。

66

以兩款不同的柵欄
呈現舒適的空間

下方以橫條狀的木製柵欄，上方以有著完美框格的格架來區隔園地。種植許多植物，打造具穿透的私人空間。

以藍色柵欄
將香草園地包圍

以白色的木板牆為背景，裝設鮮豔的藍色柵欄，以匸字形圍繞著香草花壇。正上方並橫放一塊木板，當作裝飾棚架。

與蔓性玫瑰相當搭配的
木製圍欄

為了誘引玫瑰而設置的大型圍欄，並以油漆成咖啡色，減少甜膩感，營造出復古的氛圍。

吊掛鐵製網架
裝飾為展示區

在庭園小徑盡頭的柵欄上，吊掛著鐵製網架，以工具或盆栽等小物裝飾，成為場景內的注目焦點。

帶有厚實感
醞釀出穩重韻味的石材牆壁

散發著沉著穩靜的安定感的石材牆壁，為庭園帶來樸質且自然的景色。依石頭的推砌方式及黏著方式不同，帶給人的印象也豐富多變。

以石頭推砌成的花壇
攀附著各式的植物

以石頭堆砌打造而成的花檯，種植著會垂落而下的蔓性植物及闊葉植物。蔓莖自然下垂，為空間增添活潑生動的線條。

以小石堆砌花壇
洋溢著自然風情

以輕薄的石材堆疊至約膝蓋下方高度的手作花壇。石片的縫隙間種植長壽花等植物，更表現出自然的風情。

以白色柵欄
襯托花草綠葉
能彰顯綠意

盡量不作多餘裝飾，展現出白色表面的柵欄。白色的背景柔和地襯托出植物的綠意，讓植物看起來更加顯眼。

將胡桃殼
隨意自然地撒在
花壇和小徑間

在混合著碎石和地被
植物的區域內，撒上
幾個胡桃殼，馬上感
受到洋溢著閑靜氛圍
的自然風情。

規則排列的
紅磚步道
展現寬廣＆延伸感

和綠色植物搭配相當
搭配的紅磚，在寬廣
的空間上規則地排
列，彷彿露檯一般。
生長在縫隙間的植
物，更加深了自然
感。

融合於沉靜
蔭鬱色彩中的
石片小徑

以石片描繪這條種滿
綠葉植物，令人心靈
沉靜的庭園小徑，打
造充滿風情的蔭鬱場
景。採用白色系的石
片，使空間看起來更
加明亮。

將枕木橫放
成為花壇的隔牆

為了區隔花壇的土壤而擺放的枕木，也
可以當作草坪上的小路，樸素的枕木成
功地成為草坪上的特色。

鋪設成Z字型的枕木
讓小徑看起來更輕巧

在滿是碎石的小徑上，規律地
鋪上枕木路板，展現出像是跳
格子遊戲的躍動感，整體感覺
也歡騰起來。

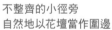

在手工打造的排水道
放入碎石改造為小徑風

為了防止淹水而打造的自創排
水道，像打造庭園小徑一般鋪
滿碎石，展現鋪面設計。

不整齊的小徑旁
自然地以花壇當作圍邊

在紅磚長度交互變換的小徑旁，花壇前
的植栽彷彿描摹著邊框一般的圍繞著，
表現出饒富野趣的氛圍。

**六角形的踏石成為
時尚＆吸睛實用裝飾**

在細小的碎石子上鋪著外觀平
滑穩固的踏石，兩種極端資材
的組合，互相襯托著對方。

**以磚塊×胡桃殼
改造平凡無奇的水泥地**

將磚塊排列在陽檯地板上，間隔內鋪滿
胡桃殼增添特色，讓毫無風情的水泥地
變身為獨特＆時尚的地面。

**在滿覆綠意小徑上
浮現了一朵朵踏石**

在如地毯般蓬鬆柔軟的草皮
上，依適當間隔擺放花形踏
石，強調出白與綠的對比。

**為單調的小徑
增添變化的
圖案造型石板**

綿長的紅磚小徑鑲嵌
著圖案石板，成為小
徑的亮點。有著厚重
感的細緻浮雕圖樣，
美麗地浮現出來。

**將無機感的水泥地
改造成溫暖的木作露檯**

木製的棧板交互鋪排，將陽檯
上乏味的水泥地遮蓋起來，變
身成舒適放鬆的木頭露檯。

**將磚塊重疊推砌
製成堅實的階梯**

將磚塊推砌，消除木作露檯
和庭園的高低差，只有表面
層使用古典風磚塊。

**為草地增添立體感
推薦效果極佳的階梯**

漂亮地連接房屋及地面高低差的階梯，
帶來延伸感及立體感，成為庭園亮點的
要素之一。

**水泥地+石塊
混合兩種石材**

以水泥為基底，以大小
石頭裝飾的手工階梯，
描繪著柔和曲線的設
計，更提昇了美麗場景
的氛圍。

**在階梯兩旁種滿綠葉
打造自然的風情**

在有著美麗自然石的階梯角
落旁，設置一小塊植栽空
間，表現出富含綠意野趣的
氛圍。

**選則與露檯同款式的
階梯來裝飾搭配**

以和露檯同樣材質設置而成
的階梯，不但上下階梯時較
平順，更提升了庭園和露檯
的一體感。

**親手製作與玫瑰相襯的
木製隔架作為裝飾**

裝設在外牆的室外機遮板，是
手工製作的格子狀柵欄。純白
色的蔓性玫瑰，成為優雅白色
背景裡的一大焦點。

**將圍藏著室外機的牆面
DIY打造成印象深刻的場所**

將室外機以較高的木板牆包
圍。為了讓上方的空間可以吊
掛雜貨或花草，加裝避雨的頂
板，成為清爽的一角。

**將格格不入的室外機遮蓋
變身成美麗的展示舞檯**

將干擾庭園景觀的室外機，巧妙地運用各種造型設計，不止
遮蓋機台，還變身成吸引目光的展示檯。

**將色調深沉的遮罩
巧思融入蔽蔭區**

沉穩的深灰色室外機
遮罩，是為了能夠融
入綠葉茂盛的蔽蔭區
中而特別訂製的。

**兩台並排的室外機
以細長的花檯遮蓋**

將花檯漆成和外牆同色調的復古風藍
色，不僅遮蓋室外機，也作為大型的花
檯使用，成為另一舒適的作業空間。

**以精緻洗手檯設計
遮蓋室外機**

有著可愛屋頂的小屋風洗手
檯，其實是仿真品，下方可
收納室外機，真是一件獨特
的DIY作品。

**日照優良的
遮罩上方
成了完美的
展示空間**

在採光不佳的陽檯，
室外機的上方剛好是
日照良好又通風，是
最適合栽種植物的地
方，可擺放多盆多肉
植物裝飾。

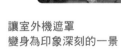

**讓室外機遮罩
變身為印象深刻的一景**

以格子柵欄作成的室外機遮罩，上方並設
置一體成型且附門的裝飾架。架上以藤蔓
或多肉植物布置，打造熱鬧歡騰的景象。

**當作裝飾架也很棒的
翠綠色工作檯**

放置在庭園的工作檯，油漆成和一旁小屋相同的翠綠色。工作時間外，還可以當成展示櫃使用。

**在能夠照到日光的棚架上
擺放各種盆栽展示**

在日照不佳的屋簷底下，設置簡易的細長型櫃子，在採光優良的上方部分擺放植物，下方則收納工具。

**只要一個步驟就成功
櫃子改造大變身**

結合洗手檯、工作檯、庭院展示&收納等多項功能，適用於各種用途的機能木櫃。
希望增加什麼樣的功能，就自由地組合加裝吧！

**完美地融合
木作露檯的
收納兼洗手檯**

由於常在庭園活動，所以就設置一個簡易洗手檯，木製的本體加裝門扇，內部又可作收納用途。

水槽下方收納著引水用的水管及排水用的管線，並設置可開闔的門板來遮蓋。

**設計高雅的
實用性洗手檯**

DIY完成的洗手檯，正面設置可展示雜貨和工具的棚架，看起來就像一個時尚的收納櫃，下方小門內可收納水管。

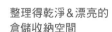

**整理得乾淨&漂亮的
倉儲收納空間**

將多餘的磚塊和木板堆疊起來，作成簡易矮櫃，收納花盆和植物支架等儲藏品。依各種尺寸排列，整齊排列。

細緻的鐵線設計
引人注目的木製格子圍欄

有著莊重感鐵線裝飾的木製格子圍欄。將幾扇並
列在一起，看起來就像是有節奏感的牆面。
（約W60×D3.5×H97cm）／IRIS OHYAMA

為庭園加分的裝飾家具

要為庭園增添變化，有各種打造焦點場景所使用的
格子柵欄、格架、方尖塔等。遮蓋不美觀的部分，
使場景看起來更有格調，也可以和地床材、棚架、
室外機遮罩等一起搭配挑選。

柵欄・格架 & 方尖塔

Fence, Trellis & Obelisk

本篇介紹在沒有土壤覆蓋的地面或狹窄的空
間裡，也可使用優質機能性的裝飾家具，若
再精心挑選材質，完成度會加分。

細緻曲線的鐵線設計
高雅地提昇了格調

連貫的曲線設計&令人印象深刻的鐵製柵
欄。任何場景都相當適用，在花開較少的
季節，也能為庭園增添高雅華貴的氣息。
（1扇：W60×D2×H180cm）／Dinos

攀繞蔓性植物時
成為庭園的美麗裝飾品

讓植物看起來更加立體的迷你方尖
塔，最頂端的裝飾造型更帶出植物的
魅力。
（1座：W11×D0.9×H147cm）
／青山Garden

天然杉木材製的柵欄
曲線設計獨顯特色

可靈活運用於遮蔽外來視線或
區隔空間的格子狀柵欄，是無
論何種庭園都百搭的象牙色。
（W180×D4×H195cm）
／青山Garden

沒有土壤的陽台
也可藉由立體布置讓印象加分

圍欄下方附有花台，不論任何場
所，均可以牆面和花台作裝飾。
（W89×D35×H196cm）／Dinos

挑選骨董風格的柵欄
增添庭園的復古風情

在綠色油漆下透出底層鏽蝕色彩
的獨特風味，是這組柵欄的魅
力，可靠牆立放使用。
（約W81.5×D5.6×H164cm）
／BHS around

除遮蔽視線、遮陽、擋風
也作為裝飾板用的百葉窗

除了可以遮擋或穿透陽光、風、
雨、塵埃、視線等，也很推薦在
百葉窗上裝飾雜貨作為欣賞。
（約W90×H180cm）／Kohnan

最推薦抓住目光
存在感超強的方尖塔

整體均鏽蝕了的骨董方尖塔，即
使單獨一座也非常有存在感，非
常適合搭配常春藤或玫瑰。
（W49.7×D50×H200cm）
／BHS around

利用方尖塔的高度
為場景增色加分

自然風格的方尖塔，僅僅是纏繞
著纖細的蔓性植物，就能表現出
令人印象深刻的景象。
（W26×180cm）／Dinos

可使蔓性植物攀附其上的
格架型圍欄

直接插入地面的簡單裝設方式，
將幾扇圍欄並排在一起，就成了
一片圍欄。
（1扇：W64×D2.2×H180cm）
（4扇組）／青山Garden

由大小自然石交織而成的
裝飾用碎石

顆粒大小及色澤各有不同，個性
化的樣式賦予庭園不同的風貌。
1m²的土地，大約使用4袋厚約
3cm的石子。／園藝Net

地床材＆踏階
Paving & Steps

巧妙隱藏土壤和水泥地，有效打造沉靜氛圍
的地床材，也可作為製作花壇的資材，在各
種創意點子中靈活變化。

繽紛多彩且帶有溫度的
手作墨西哥磁磚

從素色、花樣，到民族風圖樣，擁有豐富花色
的墨西哥磁磚，讓庭園的裝飾設計變得更加有
樂趣。／園藝Net

展現溫暖質感
樸素柔和的地磚

一片一片手工製作的骨董風陶燒
地磚。每片的形狀和色澤均有著
些微的差異，表現出溫暖的氛
圍。／CORLEONE

使用存在感強烈的石材
打造洋溢異國氛圍的庭園

石材常用於普羅旺斯建築的窗
框，也常用來打造階梯、門柱、
花壇等建築結構。
（約15×15cm）／CORLEONE

富含設計性的踏檯
是用法多變的小道具

除了可鋪設在草地或碎石上作為
踏階，也可當作浮雕作品裝飾在
牆上，或由蔓性植物攀附也很漂
亮。／青山Garden

最適合DIY初學者
簡單搭設露檯的板材

有著自然木紋風格的拼接式露檯，只要將木板
組合起來，便可以完成漂亮時尚的露檯。可單
一零售購入。照片左起為灰色、白色、咖啡
色。（約30×30cm）／Kohnan

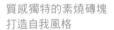

質感獨特的素燒磚塊
打造自我風格

可鋪設在地面作成小徑，或搭
配各個場景，成為庭園的特色
之一，用途相當廣泛。左起為
紅色、奶油色。／Kohnan

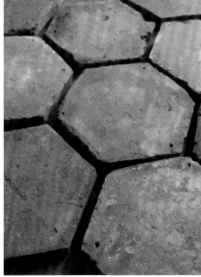

為庭園製造焦點增色
提昇沉靜的氛圍形象

老舊的大石塊，不但可鋪設在地面，也可以堆
砌成花壇，豐富的運用方式是它的最大魅力；
不甚整齊的形狀，能夠自然地融入庭園。
／CORLEONE

可愛&精巧的六角形地磚
依排列方式即展現不同風貌

依排列方式和間隔寬度不同，表現出
的氛圍也會有所變化，非常適合用來
改造庭園和露檯。／BHS around

收納園藝工具的
小巧收納庫

在天然木材上塗刷天然顏料的收
納庫，內側為磁吸式的門扇。為
了吊掛工具，再加裝了掛勾。
／青山Garden

搭配復古或自然風格
都很搶眼的簡約花檯

可彰顯綠葉的自然風白色木製棚
架，無論任何風格都能搭配，也
非常適合用來改造庭園。
／Colors

特別適合用於
陽檯或小庭園的收納＆展示

將鉤子和或架子掛在上方的木板
上，只要擺放適宜，即打造完一
個收納兼展示的空間。／Dinos

棚架＆室外機遮罩
Shelf & Exterior unit cover

若讓繁雜的小東西和室外機顯露在外，特別打
造的美麗場景也都白費了。因此必須留心挑選
除了可整頓外觀，也能夠活用於展示的家具。

鮮豔的藍色引人注目
機能性佳的大型整理架

深色調的整理架，令人聯想到工
業用品的設計感。下兩層附有箱
型的抽屜。／Colors

融入沉靜氛圍的庭園中
小屋風調性的設計棚架

山中小屋風的設計，和自然風格
的庭園一拍即合。從小東西到長
形物件都能容納的收納能力是它
的最大特點。／Dinos

適合擺放休憩花園
表現寧靜氛圍的藤編風格

洋溢著高級感的藤編質感，更加提
昇庭園的氛圍。／Dinos

融合圍欄和庭園的氛圍
自然感散發魅力

適合擺放在自然風庭園，以白色
為基調的木製遮罩，特色是別緻
也設計開了兩個小窗。／Dinos

只要簡便地放置一組
平凡的角落立刻變身展示場

可在架上放置盆栽或道具、吊掛
小物等等，將室外機上方的空間
作有效利用。／Dinos

融合庭園風格的設計
適當隱藏無生趣的場所

正面彷彿格子窗般的格紋設計是
一大特徵，使用不易生鏽的材
質，耐用性也相當優良。／Dinos

遮蔽陽光直射的高溫
選擇木製室外機遮罩

塗刷防護油加工後的杉木木紋相當
地美麗，上方還可當作裝飾檯使
用，更是其優點。遮罩為組合式。
／Kohnan

發揮創意＆照顧植物的
環保設計

由於冷氣是向上排氣，故在室外
機的前方擺放盆栽，也不會因熱
風而使植物受到傷害，這也是遮
罩的特點之一。／園藝Net

採用纖細的線條設計
打造聚焦目光的場景

可當作展示檯使用的室外機遮罩，
古典風格的設計，更提高優雅的氛
圍。／Dinos

木作露檯的特等席
盡情地享受白玫瑰浴

在木作露檯，周圍滿開著彷彿從頭
上灑落下來的蔓性玫瑰Iceberg，
非常美麗。坐在花園桌邊一邊欣賞
玫瑰，一邊享用下午茶，度過一段
幸福的時光。

獨創風格展現魅力

富有立體感的
白玫瑰&華麗庭園

本篇將介紹漂亮地配置拱門、遮蔭棚、小屋等大型建築結構，
打造變化萬千的景色的方法。
配合庭園大小及理想形象實施的改造術，請參考看看哦！

**玄關處設置古老的門扉
提升踏入庭園的期待感**

玄關處設置一座屋頂形狀的拱門，並誘引玫瑰和鐵線蓮。在開花時期，附近的人也能欣賞到美景。下方則裝設老舊的木製小門，更增添風情。

為了將沿著腹地呈L字形展開風情萬千的景色；也在旁邊設置拱門或遮蔭棚等，特別配置打造出空間的深邃感。

另外，在玄關處設置三角屋頂形狀的拱門，提升客人踏入庭園時的期待感，而打造擺放了庭園椅的木作露檯，是為了能悠閒地欣賞綻放在頭頂上的白玫瑰，在庭園的各個角落，都隱藏著為目光帶來驚喜的各種創意。

兩人最擅長的是僅擺一件長椅或小屋等大型家具便能表現整體形象，例如以塗刷帶黑斑的綠色或藍色油漆等，製造仿古風格，表現出個角落。

將親手打造的創意運用在庭園的各的先生，各自負責擅長的工作，責設計，而執行設計的則是擅長木進行改造。美術大學畢業的太太負檯，小阪夫妻融合了兩人創意巧思的庭園，打造成白玫瑰綻放的舞

比玫瑰更羅曼蒂克的
古典色調小屋＆拱門

兵庫縣／小阪尚子

**以沉靜色調的藍色小屋和拱門
呈現幽遠氣圍＆空間的深邃感**

在小屋前方設置一座拱門，打造出深邃幽遠的感覺，小屋及拱門都刷上略帶黑色的藍色油漆，表現出復古的景象，拱門周圍則種植藍色或白色的小花，帶出柔和形象。

**白×藍打造清涼的
放鬆休憩空間**

在鋪了地磚的一角，白色遮陽傘的下方，擺設藍色的庭園桌椅，作成休憩的場所。旁邊的燻製小屋也油漆成藍色，呈現清涼氛圍。

懸掛在木作露檯上方遮蔭棚的吊燈。鏽蝕般的鐵製質感，更加襯托出玫瑰纖柔的姿態。

彷彿要融入植物之中般，放置在綠叢中的石製餵鳥檯。經過一段時間，長附了青苔，搭配周邊茂盛的植物，大自然的韻味也逐漸加深。

將木作露檯的一角
以雜貨裝飾得繽紛熱鬧

將手工展示架放置在木作露檯上，擺放盆栽、蠟燭、灑水壺等雜貨，建築物的外牆也懸掛上幾樣雜貨，裝飾為可欣賞喜愛飾品的空間。

沉著色調裝飾架
適合搭配綠葉植物

以巢箱和灑水壺等雜貨裝飾的鐵製棚架。棚架的周邊也統一擺放色調沉著的物品，表現出一體感。深暗的顏色，更加襯托出綠色的鮮翠。

利用紅磚打造的壁泉水檯
和綠葉植物特別相搭

將紅磚不規則地推砌，再加裝水龍頭，設計成壁泉般的直立式水檯。即使前方種植著滿滿茶蘼等饒富野趣的各式植物，也有特別的存在感。

使用骨董磚塊和石材
打造西洋公館般的氣氛

花壇和地床材所使用的，是會隨著時光增長韻味的磚塊和石材等自然素材。玄關周圍挑選外型厚實的素材，打造溫暖的氛圍。

手工打造的小屋，以骨董玻璃窗作為特點。白色的木窗框對照泛黑的藍色外牆，更加深自然的印象。

手工打造的倉庫小屋
滿是經年使用的氛圍

用於收納園藝用品的小屋，是夫婦倆合力製作的。入口旁擺放著水桶、掃帚和吊燈等，漂亮地表現出日常的生活感。

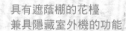

燻製小屋油漆成
融合周圍的柔和綠色

由翠綠色外牆和茶色屋頂所組合的可愛小屋，是可在家製作煙燻製品的燻製小屋，屋外的色彩搭配相當融入周邊的氛圍。

具有遮蔭棚的花檯
兼具隱藏室外機的功能

彷彿要將腰際高度的窗戶圍繞起來般，設置在周圍的遮蔭棚和花檯，不只可以擺放盆栽，還兼具遮蓋冷氣室外機的功用，遮蔭棚則可以誘引葡萄藤。

誘引了玫瑰的拱門
浪漫地準備迎接來客

設置在入口的白色拱門和蔓性玫Pierre de Ronsard相當
契合。沿著圍欄擺放著車輪及木箱等物，描繪出如圖畫一
般的場景。

隨處設置隔牆和柵欄
為ㄷ字形庭園增添規律節奏感

埼玉縣／大和奈緒子

鋪設磚塊的庭園小徑。隨意地鋪
設，縫隙間種植綿毛水蘇、兔尾
草等植物，打造饒富野趣的空
間。

綻放著美麗玫瑰的庭園。將好像要包圍主屋一般的ㄷ字形庭園，利用隔牆和柵欄，打造成富含變化的空間。

設置在入口處的矮隔牆，有悄悄遮蔽視線的功用。如此一來，更令人引起想一窺庭園深處的興致。

而設置在鄰家邊界的木作柵欄，則成了漂亮的展示區。除了加裝木箱、裝飾多肉植物和雜貨等外，也可仿室內設計，加設彩帶或小窗等，利用高度優勢作裝飾，打造一個有格調的空間。而在庭園盡頭，則設置一幢樣式古樸的小屋，表現出童話般的氣氛，小屋兼具收納園藝用品等實用的功能。

將原本空無一物、十分殺風景的庭園，依自己的想法大改造一番的大和小姐。大和小姐開心地表示：「一早起床就先眺望庭園，是我每天必作的事。」

墊高露檯的庭園桌椅區
能夠悠閒眺望庭園全景

與客廳連接的木作露檯。為了欣賞
精心布置的庭園，擺放了庭園桌椅
組&陽傘，桌上則以庭園摘下的當
季花葉裝飾。

在圍欄上加裝棚架
盡情發揮高低配置的創意

靠著圍欄擺放的藍色梯子上，攀附
著玫瑰Raubritter。圍欄上加裝棚
架擺放盆栽，利用高低不同的擺放
方式，表現出生動的氛圍。

設置較低矮的牆
柔和地區隔空間

依據大和小姐的想像，由委託的施
工業者製作的隔牆，有著平緩的曲
線，表現出柔和的形象。為了擺放
雜貨和盆栽等，特別設置了壁龕。

木製圍欄上，裝設同色的木箱，當
作棚架使用。放入富有存在感的骨
董風格熨斗，以雜貨裝飾。

將兩個木箱疊放，作為展示檯。裡
面除了可擺放盆栽之外，也可擺放
掛牌或鐵花籃等舊雜貨。

圍欄加裝仿小窗設計的鏡子
創造更大空間感

高約1.8m的圍欄上,加裝仿古典
風格小窗的鏡子,減少了壓迫感。
設置在兩旁的裝飾架,同樣漆成白
色,完成一致性的顏色搭配。

種植著Gletscher玫瑰的花壇,是夫婦倆
親手打造。不論從小徑或露檯座都能欣
賞庭園美景,因此在圍欄和花壇周圍下
了不少工夫。

圓弧曲線型的花壇
散發柔和的視覺感

設置在入口圍欄旁的花壇,有著如
繪圖曲線般的柔和外表。裡面種了
蔓性玫瑰Pierre de Ronsard和澳
洲迷迭香,生意盎然。

擺放許多盆栽
間接地遮蔽外來視線

在隔牆的周圍放置花檯或棚架,作
成擺放盆栽之處。擺滿盆栽,不只
看起來繽紛漂亮,也可以不經意地
遮蔽目光,也可提高往內探尋的期
待感。

在設置於鄰家邊界的木板圍欄上,
靠放一片鐵製的小型柵欄,讓蔓性
植物攀附。期待這一牆面未來能滿
是繁盛的綠意。

運用植物及雜貨＆巧思
牆面化身成為藝術空間

在與鄰家邊界的木板圍欄上，裝設木箱和馬口鐵製掛牌裝飾。不只下方的花壇，設置在一側的小屋牆面上也攀附各種植物，舉目四望都能欣賞美景。

為讓小屋融入周邊環境
特意使綠葉攀附於外牆

收納園藝用品的小屋，是由園藝資材中心Dea's Garden購入的。自然的氛圍，和攀附於側面的蔓性植物相當相襯，表現出野味十足的景象。

設置在入口拱門前的圍欄一角，擺放木製標示牌和舊兒童椅等樸質的雜貨，表現可愛的童趣氛圍。

如同裝飾室內一般
吊掛彩帶和木箱

吊掛木箱及掛牌，讓圍欄看起來熱鬧繽紛。由淺褐色系布料所搭配作成的彩帶和焦茶色圍欄的組合，維持一致＆自然的形象。

兼具隱蔽功能的手作棚架
為小巧精緻的庭園增加亮點

廣島縣／南惠子

**為了利用棚架側面空間
加裝上裝飾板＆掛勾**

將棚架漆成白色，在釘有小層板的收納架，加裝裝飾板和掛勾，除了可擺放小巧的盆栽，也能成為擺放鐵製花籃及雞籠網飾品的展示空間。

**在鋪著磚塊的小路上
將長椅當成花檯使用**

從大廳旁與內庭園連接的細長小路上，鋪設幾塊空心磚，靠著外牆放置一張手作長椅，將種著小型花草的水壺或水桶像擺放雜貨一樣並排著。

**隱蔽、收納、展示
三用合一的手作棚架**

擺滿雜貨和盆栽，裝飾繽紛熱鬧的棚架，其實是為了隱藏電器溫水器而製作的。下方並作有收納庫，可收納備用的花盆或肥料等園藝用品。

具室外機遮罩的裝飾架
也是多肉植物的固定座位區

放置在木作露檯旁的冷氣室外機，以尺寸剛好的遮罩完全覆蓋，上方再設計裝飾架，擺放許多圓潤可愛的多肉植物。

利用壓花玻璃和雜貨工具
可愛地點綴小屋的門窗周圍

漆成白色的收納小屋的門窗，由壓花玻璃為裝飾重點增添可愛度。吊掛小鐵鍬和鏟子等園藝用具，為牆面增加特色。

後門出入口以木板遮蓋原本的水泥階梯，為了擺放冷氣室外機，將紅磚堆砌成和階梯同樣高度。

利用柵欄和格子圍欄
將原有的收納庫翻新

將漆成白色的柵欄、格子圍欄等各式各樣的素材組合，可遮蔽原有的收納庫，也活絡了原本毫無特色的氣氛，轉新而成為蓋有小屋的自然氛圍。

南小姐在木作露檯及玄關前等空間有限的地方，活用各式花器享受園藝生活。最能有效利用狹窄空間的園藝家具，就是手作的棚架了，為了隱藏破壞整體氣氛的冷氣室外機、熱水器和既有收納倉庫，由南先生自行設計，DIY製作遮罩。除了加裝裝飾架，也活用棚架側面的空間，增加展示盆栽和雜貨的空間。

活用木作露檯，也是有效利用空間的技巧。除了搭配裝飾雜貨，也可吊掛以麻布包裹的花器或改造過的盆栽，打造可愛的場景。南小姐表示：「椅子和木箱等都是非常便利的工具。」由於可放置在細長的小路上，對於擺放盆栽可謂相當便利。需要以盆栽來種植的植物，以蔬菜和香草為主，以剛摘下的蔬菜所作的料理，深獲正在發育中的孩子們喜愛。

在故意經過淋雨而生鏽的馬口鐵水桶內，種入野葡萄。利用S形掛勾吊掛在圍欄側面。

以小巧可愛的花器
將圍欄裝飾得繽紛多彩

設置在木作露檯上的圍欄，吊掛了許多小巧的花器，將牆面當作展示空間。將庭園桌和手作棚架作為花檯擺放，增加特色。

以樸素的盆栽
襯托圍欄自然的印象

圍欄內側不止作為露檯的背景裝飾牆，外側也用來吊掛植物盆栽。利用花籃或馬口鐵水桶、灑水壺等外型可愛的花器，表現出自然的整體形象。

將字母吊飾和小巧的園藝道具裝飾品一起用鐵絲懸掛，成為圍欄的裝飾焦點。

以咖啡色的木作圍欄
襯托植物的鮮豔色澤

沉靜的茶色木作圍欄，讓攀附在牆面的蔓性植物看起來生動且繁茂，吊掛著的麻布製盆栽，是以鐵絲固定在圍欄上。

在玄關前的空間，為了能欣賞園藝植物又不妨礙進出，將木箱堆疊成櫃子的樣子，騰出擺放盆栽的空間。

將三個木箱堆疊作為裝飾玄關前的盆栽區

在推疊的木箱中，放入的是多肉植物等較耐旱的植物盆栽，擺放時特意調整木箱角度，使各種角度都可以完美欣賞。

利用椅子和木箱打造露檯上的盆栽架

椅子和木箱不但可以擺放在狹小的空間內，還可以當作木架使用，頗具實用&裝飾功能。舊木箱的質感和隨意擺放的盆栽相襯，為木作露檯的一角帶出懷舊的氛圍。

以掉漆的木箱表現懷舊的氛圍

如同架子般推疊起來的木箱，故意油漆成斑駁的樣子，表現出歲月的痕跡。除了盆栽，也擺放一些字母牌或馬口鐵掛牌等雜貨裝飾。

手作木製花器，在底層白色顏料上再刷一層藍色顏料，帶出復古味，裡面種了孩子們最愛的青椒。

沿著欄杆設置的木製門扉上，誘引著Souvenir du Docteur Jamain玫瑰。充滿古早味的木框架，襯托出花朵的嬌豔。

被當作棚架使用的木箱
老舊木頭質感散發魅力

在靠立著欄杆的圍欄前，放置骨董風木箱，當作棚架使用。圍欄和木箱的古木質感相互映襯，表現出彷彿已經年累月的場景。

有著穿透感的木製門扉
更加放大牆面的開放感

在圍欄之間加裝舊門扉，使牆面看起來像開了扇門一樣。從門扉的木條間可以窺見綠意盎然的樹木，更加深大自然的氛圍。

精心布置牆面和地板的陽檯
變身為法式復古風格

神奈川縣／渡部裕美

在鐵花籃中種植水苔，搭配可愛的白花，表現出惹人憐愛的氣息。利用鐵製立架懸吊，成為空間的特色。

小巧的多肉植物盆栽
擺放有鐵絲門扉的木架子中

在冷氣室外機遮罩的上方，放置一個帶門的小架子，並擺放幾盆多肉植物盆栽。周圍則以鐵線蓮和黃花新月等盆栽裝飾。

以「法式&復古」為主題，將公寓的單戶陽檯打造成花園的渡部小姐，費心打造牆面和地板等基礎部分，成功地使有限的空間變身為心目中理想的樣子。

為了使鋪在地面的地板看起來不單調，將地磚交錯方向鋪設，另外，隨意在間隙處放入胡桃殼，讓地面呈現豐富姿態，靠在欄杆上的圍欄，也不只使用同一種類，而是採用木製品或骨董風格的百葉窗等各式品項；一邊思考著要擺放的盆栽，一邊動手改變成符合形象的用品，打造出令人欣賞的美麗場景。

盆栽並非單純地直接擺放於地板上，而是利用桌椅等高低不一的優點當作花檯來擺。雖是以小盆栽植物為中心，但從基底工程到挑選園藝家具，全都精心講究，打造出令人愛不釋手的空間。

將桌椅當作花檯
帶點變化擺設植物

在鄰家隔牆的前方,放張舊椅子
作花檯使用,再擺放許多小花植
物。由於椅子重量較輕,需緊急
移動時也很輕鬆。分隔板則黏貼
麻布。

改變磚塊的鋪設方向
打造意象豐富的地面

為了遮蓋原本毫無生意的地面而鋪
設上磚塊，藉由改變鋪設的方向，
表現出豐富的意象。磚塊的空隙中
鋪滿胡桃殼，更加有特色。

擺放大塊不規則狀木板
遮蔽公寓外牆更美觀

在木箱周圍擺放許多盆栽，讓氣窗
前看起來繽紛熱鬧。牆壁上則靠放
一張古早味木板，遮蓋住公寓的外
牆。

活用木箱和梯子
展現花園特色

沿著木作柵欄擺放木箱，作為裝飾
植物的舞檯，梯子上則擺放紅莓苔
子等盆栽。利用活用各式家具，增
添花園特色。

久經使用的舊桌子
更襯托植物的蓬勃生氣

擺放著蓮花掌「黑法師」和蝴蝶草
等盆栽的桌子，是主人愛用了二十
多年的家具，桌下橫板的細緻木紋
飾條和褪色，都更加襯托出植物的
美麗。

種植在灑水壺的植物
以小巧可愛的花草為主

馬口鐵製灑水壺中，種滿了矮牽牛
和蔓澤蘭等小型花草，放置在地板
上，讓地面更添華麗感。

上／盛裝&種植著幸運草的是骨董風格的麵包模型，偶爾將雜貨當作花器使用，讓植物看起來更可愛。
下／豐盈茂盛的地錦和馬口鐵罐一起擺放在木箱中展示，枝葉垂落的姿態，為空間增添生動感。

盆栽和雜貨選用同一色系
為空間帶來整體感

在放了內種植地錦的鳥籠旁，擺放一盆銅葉報春花innisfree，擺在一旁的盆栽或雜貨，即使外型和素材各有不同，色調還是相當統一，表現出整體感。

上／木箱上擺放著種有小花的小盆栽，盆栽都是頗具復古質感，建議可選擇不同種類，多增添變化。
下／附提把的木製托盤裡，擺放著天竺葵，擺滿老舊小巧的盆栽，打造質樸的氛圍。

擺放各款家具和木箱
製造高低差來裝飾盆栽

沿著柵欄，將四個木箱堆疊起來當作棚架，並擺放一些桌椅等家具，使用各種高度不同的家具，讓盆栽和雜貨表現出韻律感。

**在玫瑰拱門後的深處
設置一小屋吸引目光**

幾乎遮蓋柵欄一般盛開的地植植物，和攀附在拱門上的木香花，有著浪漫的形象，為了引起來客探詢庭園深處的興趣，特別在拱門的深處設置了一幢可愛的小屋。

手作小屋化身創作展示場
享受玫瑰風情的療癒空間

兵庫縣／山中猛・美津子

以男主人猛先生退休為契機，而開始改造庭園的山中夫婦。原本為了遮蔽鄰家的視線，而以常綠樹為主要種植，不過由於在家的時間增加了，希望能配合未來的生活步調，改種較賞心悅目的玫瑰為主角。

為了能充分展現玫瑰的魅力，在五處設置了拱門。除了停車場入口附近，木作露檯的兩側也有，隨喜好於各處打造漂亮美景。在入口拱門的深處，更設置了吸引目光的小屋，水藍色及咖啡色的門窗，醞釀出可愛的氛圍，這些全都是猛先生DIY製作的，接著再由負責植栽的美津子太太，考量整體視覺平

設置在建築物外牆上的造型鳥巢，同時兼具遮住電表的功能，擺上小鳥裝飾品和掛牌，看起來更加可愛。

**看起來像窗戶般的鏡子
提升視覺的柔和感**

在金屬製置物櫃上加裝窗扇，及如窗戶般的鏡子。鏡中照映出周圍的植物，表現出蓬勃生氣倍增的效果，鏡子的下方則以園藝工具裝飾。

沉靜的黑色拱門
襯托出植物的翠綠

設置在小徑最深處的黑色鐵製拱門，和裡面的白色柵欄形成美麗的對比。拱門的沉靜色調融入周圍的綠意中，呈現出自然的景象。

以各式各樣的植物
點綴地種植於小徑旁

鋪設地磚的小徑，特地作成蜿蜒的蛇行，更顯特色。希望無論從遠處看，或走在小徑上都能欣賞美景，種植了聖誕玫瑰、勿忘我等花草，熱鬧點綴。

白、黑、紅的配色
讓視線集中於柵欄

在白色的木作柵欄上有著優美曲線的掛鉤，懸掛集古董韻味的舊式吊燈，其中放入紅色蠟燭，成為令人印象深刻的配色。

茶色的木作柵欄上，加裝由木框作成的小架子作為展示架，裡面放入描繪著植物圖樣的水壺等雜貨裝飾。

略帶黑斑的藍色拱門
襯托出玫瑰的優美

這座拱門是沿著小徑所設置的五座拱門之中位於最中央的。油漆成略帶黑斑的藍綠色，將蔓性玫瑰的豔麗花色，襯托得更加美麗。

衡及日照程度，擺放種植在花器中的玫瑰盆栽。也鋪設了由磚塊打造的庭園小徑，將庭園徹底變身為能隨時欣賞綻放在頭上的玫瑰，悠閒度過時光的場所。

融入饒富深趣的建材・搭配適宜雜貨
打造洋溢鄉愁風情的庭園

和歌山縣／鈴木智子

紫色花朵洋溢著成熟風情的玄關前角落,將小盆栽放入有提把的木箱中,為景象增添一些變化。

以紀念樹含羞草為主視覺,漂亮地配置紅花百里香、法國薰衣草、源平小菊等各式各樣的草木,打造彷彿英國農家花園般的空間。這是最喜愛老東西的鈴木小姐,精心打造的庭園。

庭園中最講究的,就是親自鋪設的小徑鋪石及磚頭等資材,不採用全新的材料,而是挑選感覺久經歲月雕琢的老舊素材,展現出濃厚的復古風情。為了打造場景,車輪或長椅等物品也選用有老舊質感

的,提高懷舊氛圍。

以藍雛菊和雪絨花等小型花為主要植栽,由於是以高度較低的植物組合而成,即使庭園狹小,也不會感到有壓迫感。鈴木小姐不只專注於表面的美景,更藉由實際培育,增添適合此環境的植物,切實而不刻意地打造理想中的庭園。

讓人聯想到英國農莊
為豐富樹林包圍的空間

在玄關周圍,階梯的紅磚和小徑的石塊相互襯托,表現出西洋公館般的氛圍。遮蔽周圍視線,鬱鬱蔥蔥的茂盛樹木,也成為和鄰家分界的隔牆。

由鈴木小姐一塊塊鋪好的石塊。特意挑選各種形狀的石塊,恣意享受小徑風情的氛圍。

挑選復古風的長椅和車輪
醞釀懷舊的風情

為了悠閒地欣賞庭園的花草而設置
在窗戶下方的長椅,放入幾個喜愛
的抱枕,一旁擺放古早味的木質車
輪,整體視覺更加完整。

將種植著小花的素燒花盆和馬口
鐵水桶等隨意放置,讓長椅下方
看起來熱鬧茂盛。花盆並有遮擋
植物抽高根部的功能。

擺設高挑的裝飾品
打造為庭園焦點

除了擺設以滴水嘴獸為模型的石
像,也疊高磚塊,配置一些有高度
的物品,打造特別的景象。橘色的
玫瑰,更為空間增添華麗感。

老舊的鐵製門扉
讓玄關顯得更優美

玄關門扉的優美之處,是柔和曲線
的設計。不知何時冒出來的可愛源
平小菊,點綴著地面,讓走在小路
的您也有番美景可欣賞。

為清純可愛的薰衣草,搭配有著
厚重感的花盆。風格差異相當大
的組合,更能襯托出植物纖柔的
姿態。

The accent of garden

適合大型空間設置

以拱門‧遮蔭棚‧小屋 打造萬種風情的庭園

設置遮蔭棚、拱門、小屋等大件設備，
更有效地展現庭園最關鍵的地方。
打造出僅靠植栽無法呈現的聚焦場所。

**將玄關前廊
以遮蔭棚
華麗地點綴**

在停車場和前廊的邊
界設置一座遮蔭棚，
打造到玄關的深邃距
離感，入口的柱子上
攀附著Penelope玫
瑰，表現華麗氛圍。

Pergola

將單調無奇的空間勾勒出
如畫般美景的大型園藝家具

為了蔓性植物而設置的遮蔭棚，它同時也是庭園裡的視覺重
點場所，為遮蔭棚所圍繞的空間，能夠讓人享受猶如身處舒
適房間般的輕鬆感受。

**美麗地映襯出玫瑰葉的
白色遮蔭棚**

將旺盛的玫瑰藤蔓，誘引至遮蔭棚的梁柱等各個角落，以大
片美麗的玫瑰葉屏幕，打造出讓人心情柔和沉靜的場域。

**將木作露檯上方的空間圍繞起來
打造成小房間般的氛圍**

將玫瑰或樹木等多種植物，誘引至木作露檯上的遮
蔭棚，自然地將主屋和庭園連結，使整個空間呈現
一體感。

被植物包圍的
遮蔭棚長椅

加裝長椅及格子圍欄的小型遮蔭棚。遮蔭棚部分可讓蔓性玫瑰攀附，格子圍欄部分則攀附了常春藤，表現出光鮮翠綠的一景。

以美麗＆立體感綠意
妝點玄關前廊

將遮蔭棚和門扉漆成同一顏色，表現整體感，薜荔攀附爬上一旁的柱子上，融入遮蔭棚的植物群中。

休憩亭風的遮蔭棚
成為欣賞玫瑰的處所

襯托著蔓性玫瑰Pierre de Ronsard的灰藍色遮蔭棚，由橫樑上懸掛花籃，更顯得熱鬧繽紛。

為庭園帶來放大感的
放射狀遮蔭棚

讓庭園角落看起來更加明亮寬闊的遮蔭棚，淡藍色的油漆，襯托出翠綠的植物，形成一個美麗的空間。

可愛的花草和雜貨擺飾
將遮蔭棚下空間點綴得華麗美艷

穿過遮蔭棚下方的庭園小徑旁，種植著修長的花朵，遮蔭棚吊掛著灑水壺和鳥籠等雜貨，成為能盡情散心的空間。

Arch

營造景深的
庭院拱門

喜歡庭園設計的人都曾憧憬，攀附著玫瑰或鐵線蓮的優雅拱門；又可區隔空間，呈現立體感；亦可搭配雜貨，打造出百看不厭的美景。

為了不顯沉重的形象
以植物相互調和

有紋路造型門扉的深咖啡色拱門上，攀附著鐵線蓮等纖柔的植物，成為區隔小徑的輕巧標記。

以簡單的組合
打造清爽的庭園小徑

在鋪設了紅磚小徑的方形拱門，深灰色的拱門和蔓性・Iceberg白色玫瑰的搭配相當引人注目。

茂盛&垂落的玫瑰拱門
有股想鑽入庭園的趣味

令人印象深刻的三角屋拱門，拱門上誘引白色蔓性玫瑰，上方垂吊小巧的馬口鐵灑水壺和招牌，讓人感到有如童話般的氛圍。

玫瑰合宜的茂盛程度
表現平衡的穿透感

為拱門一側點綴著繽紛色彩的粉紅玫瑰，遮掩庭園深處的一部分，能提高來客前往未知庭園的期待感。

滿是攀附的白色蔓性玫瑰
有如隧道般的拱門

將黑色的拱門並排，打造成隧道般的樣子，纏繞著生動旺盛的白色蔓性玫瑰也兼具了遮掩內側庭園的功能。

將拱門縱排並列
更加深深邃感

將兩座拱門以近距離設置所呈現的樣貌，分別搭配不同的花卉，打造出令人印象深刻的一景。

從玄關即可窺見
豪華的注目焦點

攀附在白色拱門的灰白色蔓性玫瑰Penelope，搭配華麗的拱門，更襯托出玫瑰的存在感。

融入自然風格的庭園
外型獨特的拱門

頂端的圓弧是相當有特色的拱門。攀附著紅色玫瑰，為綠意洋溢的庭園勾勒亮眼的一景。

設置在樹木下方
描繪出自然野性的風景

設置在枝葉繁茂的主庭園入口處的木製拱門，纏繞著葡萄藤，再以馬口鐵雜貨裝飾，打造出饒富野趣的場景。

設置小巧的拱門
區隔不同用途的空間

在陽檯內分成兩種用途的區域之間，設置一座拱門和小門，並隨意誘引著盆栽中的蔓性玫瑰，為拱門增添柔和色彩。

以玫瑰繽紛點綴於
細緻線條的拱門

在草皮區和植栽區間，設置纏繞著兩種玫瑰的華麗拱門，悄悄地分類兩種不同的區域。

圍繞於小屋的外牆
成了植栽的樂園

被花叢包圍著、靜靜佇立著的小屋。木頭的溫暖質感和色調，讓小屋融入周圍的景觀。看似不經意地擺在一旁的車輪，表現出牧歌歌頌的氛圍。

充滿懷舊風格的色調
展現物品美麗的存在感

設置在木作露檯旁，漆成灰藍色的園藝小屋。加裝壓花玻璃以增加採光。黃色系含羞草花圈是它的一大亮點。

在老牆上裝飾雜貨
洋溢著寧靜的氣息

建齡已五十年，散發著深沉風情的小屋，裡面收納著園藝工具，外牆則當作展示場充分利用。

在綠意滿溢中
打造庭園的矚目焦點

將小屋設置在空間最深處，讓小屋成為整體空間的聚焦點。挑選適合搭配綠葉的深綠色小屋。裡面可以收納一些園藝道具。

為了在門關上時，不顯得太過單調，細心以乾燥花花圈裝飾，算是個樸質的亮點，更加提升了手作的溫暖感。

形狀特別引人注目的
小屋造型行動咖啡車

相當有特色的吧檯型窗戶咖啡
車。在開放的庭園內,為來訪
的客人獻上一杯茶,有如庭園
象徵般的存在。

如公車亭般的小屋
打造寧靜清閒的風景

設置在鋪著石塊的小徑尾端的
小屋。裡面擺放了一張長椅,
當作發呆亭使用。

吧檯上備有茶和點心,加裝在窗戶兩邊的窗
簾,洋溢著手作的溫暖感。

櫥櫃中,裝飾兼收納著馬口鐵及陶燒的花盆,
櫥櫃外擺放多肉植物和幸運草等各式盆栽,更
添繽紛色彩。

不僅有收納功能
也可當作裝飾架的小屋

將小屋的上半部當作展示區加以利用,並
設置櫥櫃收納,頂端處纏繞幾株帶斑點的
花葉地錦,更增添蓬勃生氣。

在被玫瑰包圍的小屋
度過悠閒的庭園時光

粉紅色的蔓性玫瑰由兩側蔓延攀
附而上,讓小屋成為庭園中的浪
漫主角,由於是開放式的建築,
更能感受時光自在地流逝。

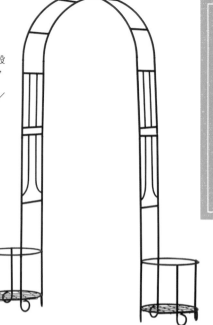

移動方便的拱門
露檯旁一定要擺一座

在沒有泥土覆蓋的地方，也可設置的附花器拱門。可輕鬆移動，用於改造庭園也很方便。
（W145×D35×H190cm）／青山Garden

以壁掛飾品＆植物華麗裝飾
散發溫暖氣息的木製拱門

兩側的鐵製裝飾設計是最大特色。散發著溫暖氣息的木製品，與任何植物都相當契合。（W110×D80×H220cm）／IRIS OHYAMA

拱門

Arch

風姿綽約的玫瑰拱門，永遠是園藝師的夢幻憧憬。相當推薦能在無法直接地植的露檯或狹小的場所處設置的拱門。

無泥土覆蓋的露檯和玄關
也能展現令人憧憬的拱門

在無法直接地植的場所，也相當適用的擺置型木製拱門。左右兩側分別誘引不同顏色的玫瑰，看起來也很美。
（W185×D40×H180cm）／Dinos

以綻放著玫瑰的拱門
細緻地點綴牆邊的狹小空間

屋簷下等狹小的空間也可以設置的靠牆型拱門。連續擺放二至三座也很美麗。
（W95×D45×H210cm）／Dinos

在攀附著玫瑰的拱門下
度過一段優雅的時光

令人想誘引滿滿的玫瑰，有著浪漫設計的附長椅拱門，也可埋入地底內。
（W130×D50×H206cm）／青山Garden

和自然庭園相當搭配的
天然木製＆白色遮蔭棚

這是由製作遮蔭棚的專家濱野典
正先生和青山Garden共同開發的
產品。以白色底色襯托出綠葉，
更加提升植物魅力。
（W300×D180×H245cm）／
青山Garden

以遮擋光線的柔和防水布
布置出浪漫迷人的空間

附有遮陽防水布的遮蔭棚。柱子上纏繞著蔓
性植物，打造成洋溢著優雅情趣的空間。
（遮蔭棚：W180×D180×H216cm，防水
布：174×300cm）／Dinos

遮蔭棚＆涼亭

Pergola & Gazebo

洋溢著童話氣息，彷彿西洋書中描繪的花園，
適合搭配遮蔭棚或眺望檯；也很適合作為在喜
愛的植物身旁休憩放鬆的場所。

和植物融合為一體
有著優雅質感的涼亭

鉛瓦屋頂是這座涼亭的特色。兩旁的格子
牆纏繞著蔓性植物，表現出如西洋書中描
繪的場景。（W124×D75×H205cm）／
Garden Company

多功能兼具展示
一座四用的多機能格架

同時兼具遮蔭棚、格架、花器、棚架功能的一座四用型
格架。牆面可用來裝飾，可依自己喜好盡情裝飾。
（W181×D40×H210cm）／Dinos

最適合作為古典風格中
庭園的襯托角色

洋溢著異國情調的六角外型相當引
人注目。打造出庭園的形象，在庭
園派對時也相當實用。本涼亭為八
英尺長。
（W282×D243×H300cm）／
J STYLE

漆成黃色的木製小屋
為庭園帶來溫暖氣息

以白色帶淡黃色為特徵，名為唐檜的木材作成的斯洛維尼亞產小屋。屋頂有覆蓋一層防水用的塑膠布。
（W150×D150×H195cm）／園藝Net

根據主屋的氣氛來挑選
自然風格的收納小屋

最有人氣的小屋，就是適合搭配歐風住宅的橘色磚塊及木製門板的組合。也有米白色及咖啡色的品項可供選擇。
（W175×D84×H198cm）／Dea's Garden

圓頂狀的西洋風屋頂及
附有花器的窗戶令人印象深刻

灰藍色和植物相當契合，可以盡情在小屋周圍享受植栽樂趣。屋頂有三公尺高，收納容量相當大。
（W244×D244×H289cm）／Green bell

小屋
Shed

除了收納，小屋也是營造氣氛的絕佳物件。即使覺得「庭園太小了」而放棄設置小屋的人，也可以選用小巧一些的小屋或能夠簡單打造小屋的材料來挑戰看看。

使用耐用性＆強度均優的
北海道產日本落葉松材

相當有特色紅與白的小屋，可作為庭園配色的對比色。也可選擇外牆附有窗戶的類型。
（W192×D283×H230cm）／北都物產

可自選顏色和外型
創意組合表現自我風格

可自由選擇屋頂形狀、屋頂及外牆顏色的設計。若搭配波浪型的屋頂及綠色色調，即可表現出古典的氛圍。（W180×D120×H208cm）／SAKURA

彷彿會出現在南法田園中
簡約又可愛的小屋

重現木頭質感的門扉及裝飾品，和彷彿塗上灰泥的外牆等精心的設計，表現出小屋的魅力。FRP製。
（W200×D200×H200cm）／
JUICY GARDEN

不可或缺的用品專賣店指南

本篇介紹日本除了備有庭園造景不可或缺的資材和雜貨，也提供打造庭園的創意點子，
且值得信賴的各種店家。只要活用這些資訊，就能打造自我風格的美麗庭園！

右上／占地5萬6000m²，以石材為主，備有豐富的資材。另有可將木頭裁切成需要尺寸的付費服務。
右下／「簡易花園農場」是可以在任何喜歡的地方打造花壇。
左／以打造西洋風花園形象的原創商品也很豐富。特別推薦價格實惠的「玫瑰拱門」。

CAINZ HOME 青梅inter店

以自創品牌CAINZ
實現自我風格的美麗庭園

全日本共有187家分店，以「裝飾布置」、「簡易保養」、「設計」為重點所開發的商品，可因應廣大客人的需求。以專家到一般民眾為對象的園藝用品，品項齊全。另有兩小時免費出借小貨車的服務，購買大型商品也可放心。

data

🏠 東京都青梅市新町6-9-4
☎ 0428-30-1100
🕐 9：00至20：30
🏠 元旦
http://www.cainz.co.jp/

右上／以庭園桌椅為主的自創品牌LIFELEX，是主力品牌之一。
右下／店外排列著豐富多樣且令人驚嘆的大量資材。
左／店內有許多使用戶外用品造景的樣品區，對於打造庭園非常有幫助。

Home Center Kohnan 西宮今津店

能夠因應各式需求
豐富的品項是本店最大特色

西宮今津店是以關西地方為中心的285家分店中，規模最大的一家。由於和PRO西宮今津店合併，從一般使用者適用的小型資材等DIY用品，到專家適用的專門用品等均有，種類豐富。自創品牌LIFELEX中也有各種能享受打造庭園樂趣的園藝用品。

data

🏠 兵庫縣西宮市今津港町1番26
☎ 0798-38-0261
🕐 週一至週六9：30至21：00
　週日・國定假日9：00至21：00　🏠 無
http://www.hc-kohnan.com

島忠HOME'S 大和店

DIY不可或缺的資材・充足齊全
也有初學者最需要的租借服務

以關東地區為中心,大阪、兵庫也設有分店的島忠HOME'S。2013年9月新開幕的大和店,除了有能加深庭園印象的磚塊、石板等資材外,可DIY製作遮蔭棚、木作露檯等的木材及工具也相當充足。為了工具尚不充足的初學者,也有租借電動工具這項令貼心的服務。從初學者到專家,都可以輕鬆選購。

data
🏠 神奈川縣大和市上和田2670-1
☎ 046-279-5051
🕐 10:00至20:00
休 無
http://www.shimachu.co.jp/

右上/資材區裡,有打造庭園不可或缺的磚塊、石板等豐富的資材。
左上/也有販賣廚房花園常栽種的蔬菜等花苗。
右下/馬口鐵製水桶和灑水壺等工具和雜貨品項也相當多。
左下/店內也有能夠營造立體感的裝飾布置,高度較高的花器盆栽。

花之牧場惠庭店

擁有自豪的豐富品項
享受打造庭園的樂趣

以鐵製品為首備有各式商品,品項齊全是本店最大特色。從方尖塔等戶外用品至花盆等進口雜貨、花苗等,有各式各樣的商品。另設有庭園設計區,歡迎諮詢庭園造景等設計施工的相關問題。

data
🏠 北海道惠庭市牧場281-1
☎ 0123-35-2321
🕐 4至9月9:30至19:00、
　 10至3月10:00至18:00
休 跨年
http://hananomakiba.ocnk.net/

KOMERI POWER坂井店

為各類眾多客層
提供正統資材及建材

此店是位於新潟縣的KOMERI總店的大型分店。職業級建築資材及工具、農業資材等專業商品豐富齊全。推薦想打造正統庭園的人前來參觀。並設有對應各式諮詢的專門櫃檯。

data
🏠 福井縣坂井市坂井町藏垣內第36號21番地
☎ 0776-72-3271
🕐 9:00至21:00
　 (資材館7:30開始營業※僅平日)
休 元旦　http://www.komeri.bit.or.jp

ROYAL購物中心 神戶東灘魚崎店

若想將陽檯改造成
花園的人敬請光臨

除了庭園外，適用於陽檯的資材、用品也相當豐富。並設有可代客裝設 換貨的「ROYAL支援」及出租必要工具的「ROYAL租賃」等各種便利的服務。以關東‧關西地區為主，全國共有51家分店。

> data
> 🏠 兵庫縣神戶市東灘區魚崎西町2丁目3番24號
> ☎ 078-846-2252
> 🕐 9：00至20：00（機械設備館6：30至20：00）
> 🈺 元旦　http://www.royal-hc.co.jp/

SUPER VIVA HOME　三鄉店

提供舒適空間的規劃
品項齊全豐富的「園藝量販店」

如石板和磚塊等常用於改造空間的資材，相當充足齊全。一定能找到符合心目中風格的材質、色彩和外形的資材。店內也有許多能搭配庭園造景的盆栽花卉。是一間能令人迫不及待地想像庭園完成圖的量販店。

> data
> 🏠 埼玉縣三鄉市彥倉2-111
> ☎ 048-949-5611
> 🕐 6：30至21：00（資材館）
> 　 9：00至21：00（生活館、園藝量販店 ※部分分店除外）
> 🈺 元旦
> http://www.vivahome.co.jp/

右上／緊密排列多到天花板高的數十種戶外用品。
右下／各種磚塊並列於店外，可以盡情選擇適合搭配自家庭園的種類。
左上／可將購入的材料帶入進行操作的「貴賓工房」，期待客人蒞臨。
左下／店外擺滿品項豐富的花苗和花盆，方便為庭園作整體搭配。

DOIT 西新井店

從初學者到專家們都能滿載而歸
陣容廣大的眾多商品

以初學者易於操作的DIY用木材或門窗為首，備有豐富的園藝資材等商品。除此之外，專家等級的正統電動工具及油漆等也相當豐富齊全。除了有將木材裁切成需要尺寸的付費服務，只要是從店內購買的材料，還提供兩小時免費使用作業區的服務，對於家裡沒有作業空間的人來說相當便利。

> data
> 🏠 東京都足立區西新井本町2-31-1
> ☎ 03-3896-6241
> 🕐 8：00至22：00 ※跨年期間有所變更
> 🈺 無
> http://www.doit.co.jp/

Bon côté

有著豐富＆普羅旺斯風窗簾
相當契合的懷舊風鐵製品家具

寬廣的倉庫中靜靜陳列著鐵製大門、鐵製門板、柵欄等古色古香的製品。以裝飾牆面的壁板或庭園桌椅組等，打造不過分艷麗的復古世界。店內各種高品味且稀少的商品豐富齊全。也有許多如骨董門窗、用具、雜貨等，充滿個性的商品。歡迎蒞臨，一同尋找為庭園增添風情的寶物吧！

右／地面鋪著老磚塊的花園平檯，是Bon côté的綠洲。圖中為高雅質感的庭園桌椅組。
左上／店內以鐵製品為主，有各式家具及門窗，客人可以盡情找尋喜愛的物品。
左下／骨董柵欄上頗有氣氛的鏽蝕感，相當美麗。

data
🏠 靜岡縣靜岡市清水區三保621-4
☎ 054-335-0707
🕐 9：30至12：00、13：00至17：00（完全預約制）
🛌 週日、國定假日
http://www.bon-cote.jp

大型購物中心

零件・資材用品店

Web網路商店

園藝用品店

BHS around

以充滿著骨董家具
為夢想的庭園空間

BHS around是一間販售法國的骨董雜貨、家具，位於自由之丘的BROCANTE的姊妹店。店內有許多老舊的美麗雜貨和家具，骨董地磚等資材也十分充足。松田店長對庭園設計至施工均有經驗，可諮詢有關打造庭園的問題。

data
🏠 神奈川縣橫濱市都筑區茅ヶ崎
東5-6-14
☎ 045-941-0029
🕐 12：00至18：00　🛌 平日
http://brocante-jp.biz

GALLUP

以講究的素材和質感
散發魅力＆獨特的骨董資材

由倉庫改裝而成店面，占地約1000m²，有由世界各國進口的古材和零件、雜貨等豐富品項。其中洋溢著復古氛圍的建材及特殊顏料更是令人注目，充滿著吸引人想購買、打造庭園的產品。

data
🏠 神奈川縣厚木市酒井78番　天幸物流倉
庫內19番倉庫　☎ 046-227-0226
🕐 9：00至20：30　🛌 跨年
http://www.thegallup.com/

大型購物中心

零件・資材用品店

Web網路商店

園藝用品店

Junk&Rustic Colors

品項總數高達2000件
在此店就能一次買齊

不只販售骨董及室內裝飾雜貨，也是一家連住宅設計、施工也備受好評的公司。關於園藝用品部分，適合裝飾的雜貨或裝飾品也同樣豐富充足。也推薦DIY初學者方便選購的托架等零件類。店內有復古、自然等各種風格的產品，在自家庭園隨意擺放這些風格的手作品，就能盡情享受精心打造的庭園。

右上／店前擺滿了各種骨董風格的商品，全都是會讓人想立刻購入的魅力商品。
右下／將花草或雜貨擺放在窗邊的裝飾方法，可當作裝飾布置的參考。
左／滿溢著復古風的零件及雜貨等十分充足，都是讓人想裝飾在庭園裡的商品。

data
住 神奈川縣川崎市高津區二子1-10-2
☎ 044-814-1049
🕐 10：00至17：00
休 週三
http://www.shinko-colors.co.jp/ecc/

Northern Lights

由國內外精挑細選
豐富充足的骨董商品

以「被喜愛物品圍繞的生活」為概念，販售各式鄉村風商品。有許多從北美進口的庭園雜貨，更有像是可當作滴水線的滴水鍊等，都是其他店家難得一見的商品。本店也承包室外工程，歡迎諮詢庭園造景事項。

data
住 千葉線船橋市三山9-5-15峰谷大廈1F
☎ 047-407-3564
🕐 10：00至18：00　休 週二
http://www.norhtern-lights.to

toolbox 南青山

遷移至港區南青山！
2013年9月，全新開幕

由相當受園藝粉絲歡迎的toolbox西麻布，遷移後改名為toolbox 南青山，重新開幕。以英國為主，由歐洲各國直接進口精心挑選的商品。除了老店名牌的商品，自創品牌商品也很值得參考。

data
住 東京都港區南青山3-3-21竹本大廈1樓
☎ 03-6411-5689
🕐 10：00至18：30
（週日、國定假日為12：00至18：00）　休 週三、第1・3週的週二
http://www.rakuten.co.jp/toolbox/

Dinos

想打造優雅庭園的你必看！
滿載各式人氣品牌商品

在網頁的GARDEN STYLING類別中，登錄許多打造優雅庭園生活的家具和雜貨商品。其中最推薦的是格架和室外收納等家具。由於商品是依主題分類，可容易地搜尋符合心目中造景的商品。官方網站上也能夠看到熱賣的商品及買家的評語等，購買前歡迎先參考看看。

右上／人氣品牌的庭園桌椅組。推薦想打造高雅氣氛空間的您。
右下／官網中有許多實惠&詳細的資訊。
左上／簡約的外型和配色，不論搭配何種植物都很適合。
左下／加拿大製附格架的花器。多功能設計的格架十分歡迎。

data
☎ 0120-343-774（9:00至21:00）
http://www.dinos.co.jp/garden

青山Garden

種類繁多&優秀的DIY用品
為精心打造舒適的庭園空間

最推薦使用日產天然木的自創商品「AG上等遮蔭棚」，其他適用於庭園的室外用品也相當充足。園藝用品方面，也有許多具機能性，且外觀美麗的品項。設有手機專用網頁，也可由手機訂購。

data
☎ 03-5215-5899
（平日9：00至17：00）
休 週六、週日、國定假日
http://www.aoyama-g.co.jp/

園藝Net

別處買不到&獨樹一格的
園藝用品最具獨特性

以直接進口的種子和花苗為主，包含園藝工具等，目前所販售商品約有7000件。很難在其他地方找到的特別設計或素材，在這裡皆可購得，且相當豐富多樣。能夠欣賞物品長年的變化，使用自然素材的商品數量也不少。

data
☎ 03-5458-8963
（平日10：00至15：00）
休 週六、週日、國定假日
http://www.engei.net/

大型購物中心

零件 資材用品店

Web網路商店

園藝用品店

右／店裡的庭園整理成洋溢著優雅風情的空間。請務必親自參觀鋪設在地面的枕木庭園資材。
左上／非常適合搭配玫瑰的拱門。表現出彷彿置身異國的氛圍。
左下／旁邊設有咖啡廳，購物後不妨休息、放鬆一下。

Garden Company

打造理想空間必看
專門店才有的堅強陣容

以歐洲各國為主，由世界各國進口各種雜貨和家具等優良設計＆機能的商品。客人可以選擇符合空間風格的高品質產品，打造心中理想的庭園。也經營庭園規劃和設計、施工等業務，可以和知識豐富的工作人員詢問各種關於園藝設計或DIY的問題。

data
🏠 群馬縣太田市東矢島町202
☎ 0276-49-2611
🕐 10：00至19：00
🚫 跨年
http://www.gardencompany.co.jp/

Protoleaf Gardening Island玉川店

東京都內商品最齊全
特別推薦雜貨＆植物

店鋪二樓的擺設是喜愛自然風格的您絕對愛不釋手的空間，也是庭園造景的寶庫。商品風格除了自然風，也有古典、復古等多種風格，鐵製及馬口鐵製雜貨特別受歡迎。

data
🏠 東京都世田谷區瀨田2-32-14 Gardening Island 1F・2F
☎ 03-5716-8787
🕐 10：00至20：00
🚫 元旦
http://www.protoleaf.com/home/gardenisland.html

CORLEONE

充足的骨董風格資材
種類多達100種以上！

本店有由世界各國進口的資材、骨董石材，種類齊全。還有普羅旺斯地區隨處可見，形狀多樣的戈爾德石（Gordes stone）及可搭建花壇的基石等使人想入手的資材。園藝雜貨也很豐富，可以盡情選擇整體搭配。

data
🏠 三重縣志摩市阿兒町立神3414-25
☎ 0599-45-4352
🕐 11：00至17：00
🚫 週一、週二（預約制）※夏季、冬季有休店
http://www.corleone.ecnet.jp/index.html

綠庭美學 02
Green garden aesthetics

自然風庭園設計 BOOK

設計人必讀！花木 × 雜貨演繹空間氛圍 BOOK

作　　　者／FG MUSASHI
譯　　　者／陳妍雯
發　行　人／詹慶和
選　書　人／蔡麗玲
執 行 編 輯／李佳穎・蔡毓玲
編　　　輯／劉蕙寧・黃璟安・陳姿伶
封 面 設 計／陳麗娜・周盈汝
美 術 編 輯／韓欣恬
內 頁 排 版／造極
出　版　者／噴泉文化館
發　行　者／悅智文化事業有限公司
郵政劃撥帳號／19452608
戶　　　名／悅智文化事業有限公司
地　　　址／新北市板橋區板新路 206 號 3 樓
電　　　話／(02)8952-4078
傳　　　真／(02)8952-4084
網　　　址／ www.elegantbooks.com.tw
電 子 信 箱／ elegant.books@msa.hinet.net

....
2022 年 10 月二版一刷　2015 年 09 月初版　定價 450 元
....

NIWA NO MOYOUGAE IDEA BOOK by FG MUSASHI Co., Ltd.
Copyright © 2013 FG MUSASHI Co., Ltd.
All rights reserved.
Originally published in Japan by FG MUSASHI Co., Ltd.
Chinese (in traditional character only) translation rights arranged with
FG MUSASHI Co., Ltd. through CREEK & RIVER Co., Ltd.
....

經銷／易可數位行銷股份有限公司
地址／新北市新店區寶橋路 235 巷 6 弄 3 號 5 樓
電話／（02）8911-0825　　傳真／（02）8911-0801

國家圖書館出版品預行編目資料

自然風庭園設計 BOOK：設計人必讀！花木 x 雜貨
演繹空間氛圍 /FG MUSASHI 編著；陳妍雯譯 . --
二版 . -- 新北市：噴泉文化館出版：悅智文化事業
有限公司發行 , 2022.10
　　面；　公分 . -- (綠庭美學；2)
ISBN 978-626-96285-1-3(平裝)

1.CST: 庭園設計 2.CST: 造園設計
435.72　　　　　　　　　　　　　111015932